THE HAPPINESS TRACK

How to Apply the Science of Happiness to Accelerate Your Success

休息时就要远离工作

斯坦福颠覆传统成功理论的心理课程

(Emma Seppälä)
[美]艾玛 · 塞帕拉 ———— 著
杨清 袁小茶 ———— 译

广西科学技术出版社

Success is getting what you want; happiness is wanting what you get.

成功是得其所想，快乐是想其所得。

推荐语

塞帕拉博士将前沿的科学研究装进了一本节奏明快、便捷实用且寓意深刻的书里。很显然，幸福让人们感觉良好是因为它有助于我们的身心健康、人际关系和谐和工作事业顺遂。基于神经科学和心理学研究以及塞帕拉博士在斯坦福进行的突破性研究，她给我们提供了6种方法，可以让我们在全面改善身心健康的同时，获得更大的成功。

——里克·汉森博士，著有畅销书
《冥想5分钟，等于熟睡一小时》

《休息时就要远离工作》向我们宏观地展示了经过前沿科学研究证实的、在我们的生活中获得健康和幸福的重要方式。艾玛·塞帕拉站在崭新的重要理论和实践的前沿，帮助我们重新定义了成功。她阐述了想要活得深刻而有意义，同情自己和他人是基础之所在。

——丹尼尔·西格尔，医学博士、第七感研究中心执行官、
加州大学洛杉矶分校临床医学教授，著有畅销书
《全脑教养法》《由内而外的教养》

《休息时就要远离工作》以大量心理学和神经科学研究为基础，为我们如何开展工作、如何面对生活及如何改善人际关系等

方面提供了深入的见解。这本书中的研究细心缜密，它以吸引人的视角去探索我们如何在不失去本真和理智的情况下改善自我。

——亚当·格兰特，沃顿商学院教授，著有畅销书《沃顿商学院最受欢迎的成功课》

这本书像一阵清风，打破了我们需要做得更好、更多、更快、更高效才能获得快乐的固有观念。塞帕拉向我们展示了，放下永不停歇的奋斗与追求，我们将收获当下近在眼前的平静、喜悦和同情。

——克里斯汀·聂夫博士，著有《自我同情》

通过丰富的理论研究，艾玛·塞帕拉提出了关于释放创造力、让生活更有意义的深刻见解，颠覆了固有文化中对于成功的定义。塞帕拉是一颗冉冉升起的新星，我相信在未来几年内，她的作品将对无数人产生积极的影响。

——彼得·西姆斯，硅谷公会联合创始人及首席执行官，著有《小赌大胜》

幸福对很多人来说还是难以琢磨的。塞帕拉博士的书用最新的科学研究，向我们指明了一条通往幸福的真正的道路，一条我们很多人并不认同的路。快做好准备改变你的生活吧，为了更好的明天。

——詹姆斯·多堤，医学博士、“同情与利他主义研究及教育中心”创始人兼主任、斯坦福大学医学院神经外科教授，著有《你的心，是最强大的魔法》

通过一系列研究证明的方法，艾玛·塞帕拉不仅教会我们如何在自己所选择的领域获得成长、取得成就，而且告诉我们如何保持自我并享受过程中的每一刻。

——苏珊·凯恩，安静革命项目联合创始人，著有畅销书《安静》

你那些关于成功的想法很可能都是错的——你需要这本《休息时就要远离工作》，它涵盖了艾玛·塞帕拉博士针对那些使职业和生活获得成功的非直观因素的探索。更值得欣喜的是，这些因素尽在你的掌握之中。

——丹尼尔·平克，著有畅销书《全新思维》《时机管理》

艾玛·塞帕拉告诉我们，首先要照顾好自己，才能成就有意义且成功的职业生涯，享受幸福而充实的生活。艾玛·塞帕拉的深刻见地正是这个世界长久以来所需要的。

——陈一鸣，谷歌"欢乐研究员"，著有《硅谷最受欢迎的情商课》

艾玛·塞帕拉让我们相信，重塑思想以获得幸福感，可以改变我们的生活方式，以及我们取得成功的途径。对于每个想要活得成功而充实的人来说，这都是一本值得一读的好书。

——埃米·卡迪，哈佛商学院教授，著有《高能量姿势》

《休息时就要远离工作》为我们获得可持续的成功提供了一个极具阅读性和科学依据的方案。这种成功是我们每个人都在追寻的成功，是可以使我们健康地生活、充满成就感和幸福感的成功。

——斯科特·巴里·考夫曼博士，宾夕法尼亚大学创想学院科学主任，著有《异想，天开》

长久以来，以拼命努力和承受高压来追求成功的方式，已经深入我们的文化中，由此带来的身心俱疲、焦虑、抑郁等问题比比皆是。事实上，数十年的科学研究已经表明，这种以牺牲个人幸福为代价的方式恰恰阻碍了人们获得成就。因此我特别推荐塞帕拉博士的这本书，她用最前沿的科学证实了快乐的价值以及幸福感对于长期成功的重要性，并提出了具体的实践方法。翻开这本书，你将从“过度努力”中解放出来，收获生活和事业的双重幸福。

——海蓝博士，情绪管理与幸福专家，
著有《不完美，才美》系列

艾玛·塞帕拉在这本书里把她自己多年来对幸福的研究，尤其是在冥想、亲社会、文化、情绪方面，与已有大量科学研究支持的幸福提升方法有机地结合在一起，系统地论述了人在现代社会下可以怎样克服那些常见的障碍，变得更幸福。本书涉猎的幸福提升范畴甚广，但每一个领域里都有引人入胜的案例和系统易行的方法，是一本集当前幸福科学之大成的好书。

——赵昱鲲，清华大学积极心理学研究中心办公室主任，
著有《自主教养》

目录

前言 **要想人前显贵，就得背后受罪？**

Part 1 **从斯坦福大学的高自杀率谈起**

Part 2 走出“超速”生活

Part 3 被小看的平静

Part 4 什么都不做才能做更多

Part 5 你与自己的关系影响你的潜力

良善者的优势

前言

要想人前显贵，就得背后受罪？

成功就是热爱你自己，
热爱你所做的一切，
热爱你自己做事的方式。
——玛雅·安吉罗[1]

[1]本书注释详情皆见每章末尾。

透支，成了我们工作的常态

在我大学还没毕业时，有一年暑假，我到法国巴黎的一家知名国际报社实习。当时我是报社唯一的暑期实习生，所以特别地忙——每天从下午2点到晚上11点，连续9个小时穿梭于报社大楼的二层和地下室之间，来来回回地跑腿、送文件、传信息……也正因如此，我有机会接触到整个报社的人，上自总编辑，下至印刷工。报社大楼的二层和地下室，各自像一个小世界，泾渭分明：高管和领导们有自己的玻璃隔间单独办公室，属于“领导层”；美国籍编辑和撰稿人有自己的工位和电脑，属于“白领层”；而地下室的印制间，是法国籍印刷工人的世界，属于“蓝领层”。

每当我往返于二层和地下室，感觉简直在穿越两个世界，氛围完全不同。在二层，你会觉得空气中都透着紧张。整个楼层静得可怕，只能听见键盘敲字和打印机的声音。工位上的编辑们，大部分都顶着两个熬夜留下的黑眼圈，外加一身长期久坐攒下的赘肉，眼睛直勾勾地盯着电脑屏幕，啃一口外卖送来的比萨就是晚饭了。而在地下室，工作氛围就来了个180度大逆转，简直天天像在过狂欢节——随时有法国葡萄酒、奶酪、面包摆在一张巨大的办公桌上，印刷工人们互相讲着段子，真是太欢乐了。要知道我每次来二层办差，除非是交代工作，否则同事绝不会跟我多说一句话；而到了地下室，我感觉自己真是太受欢迎了。很快，我开始更喜欢地下室的欢乐氛围。

每天在这“两个世界”来回穿梭，我就开始想一个问题——同样是在一个报社工作，无论是二层的编辑和撰稿人，还是地下室的印刷工，都是在为同一份报纸努力——大家都是连夜工作，目的都是保证天亮之前报纸能正常发行。当然，这两个楼层的人有着不同的职务，也有着不同的文化背景，但是无论哪个工种，大家都要面临每日“截止时间”的压力。无论是哪个环节出了问题，都会导致第二天报纸发行延误。夜复一夜，大家都扛住了压力和挑战，都成功地完成了各自的本职工作。但是，大家在工作中的状态就迥然各异了——“楼上的世界”充斥着压力和紧张，工作人员各个筋疲力尽，一脸不健康的菜色；而“楼下的世界”却充满快乐、活力和好心情。

我相信，我们之中的大部分人，更喜欢像法国印刷工人那样的工作心情——我们既希望有一份好工作，又希望在工作中能开心快乐。我们渴望成功，也偏爱快乐。成功和快乐，是否像鱼和熊掌不可兼得?

随着科技的发展，我们的生活节奏已经随着信息流一路狂奔——无论你是CEO，还是自由职业“接活儿”的美工，生活都是一个“截止日期”接着又一个“截止日期”——随时随地拿着手机，忙着回复不断蹦出来的“最新邮件”，忙着刷朋友圈的“好友动态”，忙着点开手机看“今日头条”……然后同时问自己的大脑3个问题：“今天晚上吃什么？哪条路不会堵车？晚上的电话会议准备好了吗？”每个项目的缓冲处理时间，都被信息化的“即时回复”压缩到了几近真空的状态——顾客希望得到“24小时在线”的即时服务，你的老板希望得到“24小时不下班”的瞬间答复。

为了跟上生活的诉求，你可能连睡觉时也要把手机放在枕头边，晚上闭眼睡觉前的最后一件事是“打开手机查邮件”，第二天早晨睁开眼的第一件事还是“打开手机查邮件”。你的朋友圈彻底移到了“线上”，推特、脸书……点开一个个冒出来的“未读消息”，点开朋友发来的一个个“不可不看的视频！删前速看！”此外，为了让朋友们知道你“还活在地球上”，你还不能忘记更新自己的状态和自拍。然而，**无论你怎么努力，你都刷不掉朋友圈“未读消息”的那个红点，也看不完不断涌进来的“未读邮件”**。终于，你画掉了每日“工作任务表”的最后一项内容，用尽最后一丝力气把自己的身体扔到床上，沉沉地睡去。第二天，脑袋醒了，身体却不愿意醒来。

到了周六日的“休息日”，你也真的很难“休息”——外面的工作忙完了，家里的事儿又来了：把衣服送干洗店，去超市或商店买一星期的吃穿用度……好不容易到了节假日，本来在一年中就是少得可怜的几次假期，又得忙着去旅行、去串亲戚……在滚回来上班之前，能真正睡一两次懒觉已经很知足了。然而，**就算你在度假，你也很难对工作完全“离线”——哪怕坐在游泳池旁边，也得拿着手机——万一有工作电话或邮件呢？**

我们已经把“用力过度”变成了一种生活常态。

我们用力工作，希望做一个好员工；用力陪伴孩子，希望做一个好家长；用力约会、用力去健身房、用力学做饭，希望做一个好妻子、好丈夫；用力去参加各种社交聚会，希望做一个受欢迎的人……然后，我们发现自己早已用力过度，身心俱疲。

当这种生活方式让我们疲劳过度、压力重重的时候，我们也会陷入自责，觉得自己把自己逼得太狠了。但是想想周围的人，他们不也是这么熬过来的吗？**不是说“要想人前显贵，就得背后受罪”吗？不是说“只要坚持就能胜利”吗？于是我们又咬着牙，继续透支着我们的伤痛、极限，透支着我们的正常生活**。

我们知道，用这种“用力过度＋透支自己”的方式取得的成功，其实背后有很多痛苦；我们知道，虽然在一些时候我们获得了世俗意义上的成功，做到了“人前显贵”，可背后却伴随着隐形的高昂代价——体力不支、精神压力大、身心俱疲。而我们拼命工作的目的，不就是改善生活品质，让自己更快乐吗？我们渴望成功的原因，不正是成功可以带来幸福感吗？

你是否被这6种“成功谬论”洗脑过？

在过去的10年中，我的身边围绕着很多所谓的“成功人士”——他们是与我在耶鲁大学、斯坦福大学同窗的学霸级人物；他们是与我在巴黎、纽约、上海、硅谷共事的全球行业精英；他们选举、从政、官场得意；他们是畅销书大作家，是文化名人；他们是百老汇的当红演员，星途璀璨；他们风风火火地做创业革新，摇身一变成为商界新贵；他们为全球的人道主义振臂高呼，成为无冕之王；他们是华尔街的大银行家，出手就是亿万美金的生意……然而，我却发现他们“人前显贵”的背后，是长期精神过度紧张、身体失调和亚健康。

放眼望去，上述的这些“成功人士”，哪个不是才华横溢，哪个不是智商过人？然而在追求成功的过程中，他们却损失掉了自己最大的财务资产——自己。他们自己如此，带着身边的人也如此，不断制造着这种“用力过度”的团队文化和公司文化。

也正是这过去的10年，我在留心观察自己身边这些“成功人士”的同时，在斯坦福大学读心理学博士，研究课题是“健康与快乐心理学”（psychology of health and happiness）。然而，**我的研究进行得越深入，我就越是清晰地发现：我们这么多年的“成功秘诀”，这些被我们的文化深深认同，并且不断实践的“成功秘诀”——其实是错的**。大量的心理学研究表明，我上面说的那些“成功”的同学、同事，包括我自己在内，这种通过“用力过度”而获得成功的方式，其实都错了。

然而千百年来，我们是如此地相信这些“成功理论”——因为周围人都是这么做的。从小到大，我们都被教育“如果想成功，就要做好眼前的所有事情，就要有坚定的目标和铁一样的原则——哪怕以牺牲快乐为代价”。似乎只有这样，才能获得成功。

通过不断深入地研究心理学，我总结了6种流传最广的“成功理论”（而实际上它们都被证实是谬论）。

谬论1：如果你想成功，你就要比别人多做事——关注点永远在“做、做、做”，赶紧把它做完，再赶紧制订新的目标，做新的事情。成功就像是赛跑，你要想赢，就要比别人快，就要永远把目光放在“追上前面的人”上面。

谬论2：如果你想成功，你就要忍受压力——要想有别人达不到的成功，就得顶住别人顶不住的压力。在一个高速运转的社会中想要取得成功，承受压力是必然的，承受苦难是必然的，甚至是必要的。

谬论3：如果你想成功，你就要不惜一切代价地坚持——哪怕自己已经身心俱疲，也要顶住一切干扰、焦虑和外界诱惑，直到耗尽自己最后一丝力气。

谬论4：如果你想成功，你就要专注于自己的领域——无论做哪行，都要心无旁骛地沉浸在这个领域之中，成为这个行业的专家，知道如何解决这个行业的各种问题。

谬论5：如果你想成功，你就要调动自己的能量——成功是把自己的长处做到极致，而不是去弥补自己的短处。学会扬长避短，对自己严格要求。

谬论6：如果你想成功，你就要把自己放在首位——资源是有限的，想要在竞争中取胜，就要多为自己争取，为自身利益争取，方有立足之地。

上述这些古往今来的“成功理论”，已经深深地植入我们的文化中，我们从上小学开始，就被这些理论洗脑（“不要白日做梦！”“要一心一意！”“要更努力才行！”），**然而当这些理论带给了我们巨大的影响，甚至是一代代的巨大影响时，没人反思它们是不是真的正确**。

当我们当中的少部分人，沿用着这种方式获得世俗意义的成功时，背后的隐形代价是巨大的——事实上，研究表明，上述这6种“成功理论”实际上阻碍了你成功的潜质的发展，也降低了你获得快乐的可能性。

这6种“成功理论”带来了一系列巨大的负面影响：我们与他人

的有益沟通在减少；很多工作中的创意、灵感的泯灭；事事“用力过度”导致身心俱疲，反而无法发挥自己的最佳水平……此外，这6种“成功理论”还让我们在面对挑战和失败时，从脑力到心力都变得缺乏弹性。研究还表明，这样的“成功理论”其实更容易让我们中途放弃——因为过度消耗、孤立和孤独感加剧，身体和心理长期处于亚健康状态。

我们多年以来用于追求成功的老方式——已经深入我们生活中每一粒空气因子的社会文化“多拼多干才能赢”，随着信息时代的来临，让我们处于24/7（每天24小时，每周7天）的高压状态下，自认为只有如此才能成功——而事实上，走这条路无异于寅吃卯粮，是不能持久的。

“辛苦一阵子，幸福一辈子”——**这种鼓励我们去为了一个长期成功而牺牲掉短期幸福的“成功理论”，已经在我们的文化中获得了碾压式的成功，并且不断地给我们每个人施加压力**。可谁知，这种“成功理论”非但不能给我们带来快乐，反而还让我们绕了弯路，离成功更远了。

以下是6道自测题，在过去的1年中，你是否感觉_______？（请按自己实际情况回答）

1. 筋疲力尽，但没有更好的解决办法，无法摆脱这种生活状态
2. 陷入无休无止的激烈竞争中，很多事情必须去完成
3. 自己真正想做的事情，反而觉得没时间去做
4. 对所爱的人，没有太多时间陪伴
5. 做一件自己喜欢的事情时，首先产生的是负罪感，而不是乐在其中地享受它

6. 日复一日，找不到意义和满足感

如果你有上述感觉，也不必担心，并非你一个人感觉如此，雷格斯（Regus Group）[2]调查结果表明，58%的美国人“感到压力越来越大”。在美国，精神紧张已经成为导致人们身心疾病的一个主要因素，每年因此造成的经济损失高达420亿美元[3]，在最近的10年中，美国人使用抗抑郁药的总量是10年前的4倍[4]。

根据2014年的盖洛普数据[5]，这场“不快乐”导致的危机已经影响到了美国人的工作产出：50%的雇员对工作不投入（并且目前也没什么打算），20%的雇员处于脱节状态（在工作中非常不快乐），而这给美国带来的年经济损失高达4500亿美元。

数十年的研究表明，快乐已经不再是成功带来的结果，而是导致成功的因素。换句话说，如果你想成功，你就要多保持法国印刷工人的那种快乐心态。

那么，快乐，到底能有什么用？“要开心才能成功”，有没有什么科学依据？

乐乐呵呵才能成功，真的不是“鸡汤”

几年前，有一次我在纽约，去给一家“福布斯”排名TOP 100的大企业做快乐心理学的培训。培训对象是这个企业的40名注册会计师，他们黑压压地坐在会议室里，等着我开讲。我明显感到，其中一部分人对此很有兴趣，而另一部分人则抱着怀疑态度——**他们坐在会议室后排，开始窃窃私语，觉得“快乐与成功”这种“鸡汤话题”**[6]**没什么价值**。

我并没有责怪他们。毕竟，我们很少听说“快乐是成功的秘诀”的背后真的有科学依据，这和我们的传统观念大相径庭。

其实在培训之前，邀请我的工作人员就事先给我打过“预防针”——**“这些会计师对‘快乐’的研究可能不太能理解，您就多讲一些负面情绪带来的不良影响，还有快乐工作带来的好处，可能更对他们胃口。”**

接着说这次培训。我和在场的40位注册会计师一一做了互动。**随着互动的深入，“怀疑派”逐渐倒戈**。**到培训结束的时候，会议室后排的“怀疑派”露出了信任的微笑**。

即使我们大部分人并不会像心理学家那样深入探究“快乐和成功的联系”，但日常的生活常识，也让我们意识到负面情绪给我们带来的影响——早晨跟家人拌了嘴，到办公室又跟同事怄气……这些负面情绪往往直接影响了我们一整天的工作效率。情绪和心理状态，影响着我们的一举一动——试想一下，当你感到压力大、沮丧和愤怒的时候，是不是更容易感到和别人沟通困难、效率下降？当你感到开心、放松的时候，是不是做事也往往轻松和顺利很多？

快乐——从定义来讲，可以被理解为一种“高度的积极情绪”——在我们的工作和个人生活中都发挥着巨大作用：快乐不仅可以使人提高情商、增进社会联系，还可以帮助我们提高工作效率、增加个人在同事当中的影响力。这些都能让我们在不牺牲个人身心健康的基础上，更好更快地取得成功。

芭芭拉·弗雷德里克森（Barbara Fredrickson）是来自北卡罗来纳大学的研究学者，她和其他几位学者一起专攻负面情绪的研究。研究表明，快乐可以帮助我们在以下4个方面发挥最佳潜能[7]。

智力潜能：积极情绪可以帮助你提高学习效率和创造力，更好地应对挑战。举例来讲，美国西北大学的学者马克·比曼（Mark Beeman）实验发现，当实验对象看了一段轻松幽默的喜剧之后，可以更轻松地解决难题。快乐可以使人放松神经、活跃大脑的神经联系，增强大脑灵活性和创造性[8]。多种调研表明，快乐可使人的工作效率提升12%[9]。

心理潜能：如果你的心理素质和大部分人差不多，那你可能很容易受到每日心情起起落落的影响。影响你一天的工作、生活的决定因素并不是外界环境，而是你的心情——如果你正好因为琐碎的家事烦心，哪怕在风景秀丽的海滩，你依然不会特别开心；如果你老婆一直在备孕，你终于听到“我们要有宝宝啦”的好消息，哪怕当时正在路上车堵得动弹不得，你也能从心里笑出声来。积极情绪可以帮助我们减轻外界环境带来的影响，使心情得到平复。芭芭拉·弗雷德里克森及其他学者的研究表明[10]，积极情绪可以帮助我们从压力中更快速地恢复元气，重新振作起来。此外，积极情绪可以有效缩短我们感到压力、愤怒和绝望等负面情绪的时间，使人逐渐变得更乐观[11]。

举例来说，比如你在工作中经常会遇到刁钻的客户、难缠的同事和苛刻的经理人，结果往往是，你很难日复一日、年复一年地一直保持干劲儿。然而，如果你善于保持积极情绪，你就会更容易从每次不太愉快的沟通中恢复元气。乐观情绪可以帮你筑起一道心理和生理防线，让你更轻松地远离外界压力，更好地保障每日工作效率。

社交潜能：毫无疑问，每个人在工作中都逃离不了“关系”二字——和领导的关系，和同事的关系，和下属的关系，和客户的关系……想要职场得意，就得学会处理关系。积极情绪能够帮我们巩固关系。比如，你很擅长活跃气氛——这也是积极情绪的一种传递——会更容易让周围人对你敞开心扉，更愿意跟你合作[12]。

系列研究表明，快乐的员工往往能让工作氛围更加和谐。快乐、友好、乐于助人的工作者更易于：

- 在工作中和他人建立高品质的人际关系[13]
- 使合作者的工作效率得到提升[14]
- 增强合作者的社会联系感[15]
- 使周围人更加恪守承诺[16]
- 提升工作的参与度[17]
- 为客户提供更优质的服务[18]

研究表明，焦虑、绝望等负面情绪，会让人变得更加利己主义[19]。反之，积极情绪帮助我们与他人建立更多有效联系。弗雷德里克森的研究表明[20]，快乐能增加我们的归属感，帮助我们从他人视角看待问题，从而让生活得到更有益的改善。此外，快乐会对我们的交友和社会关系大有裨益，使我们更加自信、更加顺利地去建立社会关系。除了自身之外，一个人的快乐情绪还会带动周围同事提高工作效率。如果整个团队都是一副“苦瓜脸”，那工作中就更容易“天不遂人愿”地遇到各种烦心事。而如果大家都比较积极阳光，一天的工作也就往往顺心顺利。

你的快乐，也可以让你周围的人更开心。哈佛大学的社会科学家尼古拉斯·克里斯塔基斯（Nicolas Christakis）以及加利福尼亚大学的詹姆斯·福勒（James Fowler）[21]，阐释了快乐的“三度分离理论”——你附近的人，你的熟人、同事，甚至你并不相识的陌生人都将受此影响，你在工作、家庭和社区中的“快乐文化”也由此缔造。

身体潜能：弗雷德里克森还发现，积极情绪能对消除身体炎症起到有效作用[22]，此外，积极情绪还能够改善心血管健康，有助于心血管的功能恢复[23]，调节应激激素水平[24]，改善睡眠质量，增强身体力量，同时提升身体协调性和免疫力。换句话说，即便我们必须身处高压力和快节奏的生活中，多点快乐，也能让我们多点健康。

仅仅知道快乐能带来成功就够了？如果这样想，那就太狭隘了。在这本书中，你还会发现，快乐还是提高我们心理复原力、创造力和工作能力的秘密武器。

我们如何摆脱慢性压力、摆脱每天的身心俱疲，去轻松又开心地取得成功？

把握六大快乐要诀，成功轻而易举

在接下来的章节中，我将通过由事实验证过的数据来证明，通往长期成功和幸福的道路，与我们通常所了解的相反。我们将看到主导我们文化的成功理论，是如何适得其反，破坏我们的拼命努力的。利用心理学、组织行为学、神经科学在恢复力、创造力、专注力、同情心等方面的研究，我将向你展示以下6种获得快乐和满足感的方式，如何成为有效驱使人走向成功的关键。

1.活在当下。停止去想下一步该做什么，专注于眼前的任务或交流，你不仅会变得更有效率，也会变得更有魅力。

2.挖掘韧性。与其过着“超速驾驶”的生活，不如学习如何把你紧绷的神经从挫折中恢复过来。你将很自然地减轻压力，并且更有面对困难和挑战的勇气。

3.管理精力。停止让自己筋疲力尽的思考和情绪消耗，学习通过保持平静和专注来获得耐力。你将能因此节省宝贵的精神能量，来完成更需要它的任务。

4.什么也不做。不要把所有时间都花费在你的专业领域，而是腾出时间来放松、玩耍、沉浸于无关专业的兴趣里。这样你将变得更有创意、创新性，更有可能提出突破性的想法。

5.善待自己。对自己要有同情心，要清楚你的大脑是用来学习新事物的，而不仅仅是发挥你的优势、做自我批评，你将会提升自己在挑战面前脱颖而出的能力，并从错误中学习。

6.同情他人。对周围的人表示同情和关心，与同事、老板、员工保持相互支持的关系，而不是专注于你自己。如此会使你与同事、雇员之间的忠诚度大大增加，从而提高生产力、工作表现力和影响力。

以上6种方法能有效增强你的心理素质，有益于身体健康，使你更快乐，更能过上有意义、有目标的生活，以及如我在这整本书中阐明的——助你获得成功。这些策略并不复杂，在日常生活中应用它们并不需要复杂的训练或生活方式的巨大改变。事实上，这些策略只是利用了你已有的资源。

你其实完全能够做到——想出绝妙的点子，面对强势的要求保持冷静，注意力被转移时快速回到当下，善待自己和他人，坐下来和自己的念头待在一起，以及当全世界都催你“快，快，快”时，停下来休息。本书的每一章都将提供具体的操作指南，帮助你达成目标。

无论你奋斗于哪个领域——是芝加哥的全职奶爸，还是达拉斯财富500强的CEO，抑或是奥克兰的社区活动家、纽约的芭蕾舞演员，我都希望这本书能让你如释重负。当你知道你已经拥有了获得快乐和成功所需的一切时，一种毫无压力的、充实的生活就不再仅仅是种可能；它也是你个人和职业成功的秘诀。我会告诉你怎么做，让你也能像法国印刷工人般快乐地工作。要知道，我们的研究结果是如此清楚：快乐是抵达成功的快速通道。

本章注释

[1]玛雅·安吉罗（Maya Angelou）：美国黑人女作家、诗人，代表作《以我之名相聚》，2011年荣获美国“总统自由勋章”。

[2]出自雷格斯集团授权的“美国工作者的压力指数上升调查”。

[3]出自美国焦虑和抑郁研究中心的“概况及数据”。

[4]出自美国国家健康卫生数据中心第76号文件“美国从2005年到2008年12岁以上公民抗抑郁药使用情况”（马里兰州海厄茨维尔美国国家卫生统计中心，2011年）。

[5]出自美国盖洛普民意测验中心于2014年9月22日发表的“美国工作场所状况报告”。

[6]原文是“‘soft’subject”。指缺乏严谨数据和调研的“心灵鸡汤”，在文中略带贬义。

[7]出自《通俗心理学评论》1998年第3期刊载的由芭芭拉·L. 弗雷德里克森所著的《积极情绪能带来什么好处》。

[8]出自《认知神经科学》期刊2009年第21卷刊载的由K. 苏布拉马尼亚姆等人所著的《积极影响带来的大脑洞察力机制》。

[9]出自《组织行为》期刊2009年第20卷刊载的由安德鲁·J. 瓦尔德所著的《幸福与生产力》。

[10]出自《个性和社会心理学》期刊2011年第86卷刊载的由M. 土加德和B. 弗雷德里克森所著的《精神强大的人用积极情绪来从消极情绪经历中恢复过来》。

[11]出自《心理科学》期刊2014年第12期由E. J. 布思比等人所著的《共享的经历会被放大》。

[12]出自《人之本性》期刊2015年第1期由艾伦·W. 格雷等人所著的《爱笑

的人对自我袒露的亲密度的影响》。

[13]出自《美国管理学会评论》2010年第35卷由J. E. 达顿等人所著的《工作时积极观念构建方式：4种积极态度以及社交资源的建立》。

[14]出自《组织性行为》期刊2008年第29卷由J. M. 莉莉丝等人所著的《工作中的同情行为的特征与结果》。

[15]出自《美国行为科学家》期刊由J.M.卡诺夫所著的《组织生活中的共情》。

[16]出自《积极组织行为学手册》由J. M. 莉莉丝等人所著的《揭露共情：我们所知道的职场共情（和我们需要了解更多的地方）》。

[17]出自《心理科学的当代方向》2011年第20卷由A. 贝克所著的《关于工作投入度有依据的模型》。

[18]出自《管理透视研究》2007年第21卷由S. G. 巴萨德和D. E. 吉布森所著的《为什么机构里的影响很重要》。

[19]出自《心理学公报》2002年第4期由妮莉 · 莫尔和詹妮弗 · 温奎斯特所著的《自我主义和负面影响：整合分析》。

[20]出自《个性和社会心理学》期刊2011年第95卷由B. 弗雷德里克森等人所著的《敞开心扉创造生活：由爱意冥想带来的积极情绪可以构建个人关系网》。

[21]出自《英国医学杂志》2008年第337卷由J. H. 福勒和N. A. 克里斯塔基斯所著的《在大型社交网络中动态传递幸福：对福明翰心脏研究20多年的成功分析》。

[22]出自《情绪》期刊2015年第2期由詹妮弗 · E. 斯特拉等人所著的《对炎症的积极影响及标志：分散的积极情绪可以降低炎症性细胞因子的水平》。

[23]出自《认知和情绪》1998年第12卷由B. 弗雷德里克森和R. 莱文森所著的《积极情绪可以使人从心脏病并发症中快速恢复》。
[24]出自《每日科学》2014年4月27日刊的《用微笑拯救失忆》，《FASEB》期刊2006年由李·S. 伯克和斯坦利·A. 谭所著的《脑内啡和生长激素的激增都与开怀大笑有关》。

Part 1

从斯坦福大学的高自杀率谈起

那些连眼前生活都过不好的人，
制订的未来计划往往更实现不了。
——阿伦·瓦兹[1]

天才学生“老鼠赛跑”的日子

如果你经常混迹于美国硅谷——这个集中了脸书、推特、谷歌、斯坦福大学的“风水宝地”，你会发现周围的空气都在“嗡嗡”作响——如果你去市中心的帕洛阿尔托咖啡馆坐上一会儿，你会发现耳边全是“嗡嗡嗡”的牛人对话，“创业狗”[2]和风投家在这里谈“大项目”，每杯咖啡都弥漫着烧钱的味道；去斯坦福大学的演讲大厅走一走，没准儿就碰上一个诺贝尔奖得主在分享“成功之道”，台下是“嗡嗡嗡”的掌声，是鲜花，是对成功的艳羡。“机会、创造、成功”，这是硅谷永远的主旋律。

但是，如果你再仔细听，**你会发现“嗡嗡”作响的空气中还有一样东西——抹不掉的慢性焦虑**。

当我刚到斯坦福大学研究所的第一年时，我就被这个学校的自杀率惊呆了。斯坦福——全球鼎鼎大名的“世界名校”，能来这里的不是赫赫有名的学者，就是天赋异禀的学生，然而在这个聚集了那么多天才的地方，每年却产生了那么多悲剧。

出于对这些自杀悲剧的痛心，我和几个斯坦福的同窗有了开工作室的想法——专门向本校学生开放，主题就是“快乐与正念”。于是，我们就联合创办了斯坦福大学的首个快乐心理学课程。通过不断地授课，我对斯坦福各个层次的本科生、研究生都有了接触和了解。随着课程不断深入，我开始明白他们之间“紧张、痛苦”的氛围到底因何而来——这个“他们”不仅仅是斯坦福和硅谷的人，也包括我在耶鲁、哥伦比亚、曼哈顿认识的诸君。

由于大家都在想着“未来”，想着需要为未来做什么样的准备和打算，于是“紧张”无处不在。每个人都在忙着完成一个又一个计划。往往是眼前的工作还没彻底收尾，自己的关注点已经转到下一个工作的启动阶段了——**“吃着碗里，瞧着锅里”——这种成功逻辑被我们冠以“高效率”的名义。结果是，每个人连享受一下胜利成果都顾不上，更别提享受生活了**。

杰姬·罗特曼（Jackie Rotman）[3]是我所教过的“天才学生”之一。她从小就是“成功”的宠儿——年少成名，十几岁时就开始被媒体关注，她为社区服务做出的贡献被报道出来。在14岁的时候，杰姬创办了名为“大家一起来跳舞吧”的非营利性机构，专门向经济贫困的年轻人教授舞蹈，帮助他们结束街头流浪的生活，重拾自信心。到了高中，她已经是各类奖学金和各项荣誉的获得者，并且摘得了年度“加州美少女”的称号。在进入斯坦福大学之后，杰姬得到了更多的媒体关注：成为全国性非营利组织的发起人，负责的舞蹈队在音乐电视中斩获“美国最佳舞蹈队”的荣誉，被美国《魅力》杂志提名并最终入选“TOP 10女大学生”。

杰姬知道，如果想考上斯坦福，那就要足够优秀。然而杰姬不知道的是，考上斯坦福之后，她还必须不停地“优秀”，需要不断地取得新成绩，而丝毫没有喘息的机会。杰姬的苦恼是，只要踏入斯坦福的大门，就发现身边所有人都在疯狂地努力——疯狂地去不断获奖、不断赢得称赞、不断取得更大的荣誉。“在斯坦福，哪怕是同学之间做个引荐介绍，你都要先提到这个人获得过的荣誉。”杰姬苦笑道，“一个标准式的介绍用语是——‘这是曾经获得过某某奖（荣誉）的某某人’。”杰姬觉得自己筋疲力尽，但是她的导师们一致告诉她——你必须不断取得成绩，才能在同学之间不落伍啊！“转眼间，我身边的同学、朋友都变成‘大牛’了。”杰姬说，“做非营利性组织的同学，已经获得了国家级认可；搞学术研究的，已经拿到了罗氏奖学金[4]；玩商业的，已经登上了《福布斯》‘20 under 20’[5]名人榜；就连玩体育的，都成了奥运会选手……立志从政的同学就更不用说了，我的一个朋友已经成了加州最年轻的众议员，是排位在奥普拉（Oprah Winfery）之后的第三候选人！而我这位朋友刚上大四！”

杰姬说，她在19岁的时候，想申请斯坦福大学的中年级学生奖学金。而作为奖学金申请程序的一部分，她被问到一系列问题——你以后打算去哪所高校读研究生？打算参与哪些课程？毕业后打算从事哪个行业的工作？你职业生涯的10年计划是什么？在你的专业领域，你希望解决当今的哪些世界问题？这些世界问题现有的政策含义是什么？……就连“描述你曾经组织/领导过的活动经历”时，都要求和你的人生意义结合在一起！

“你被逼着要想很远的未来……每个人都像是跑道上的老鼠，过着‘老鼠赛跑’[6]的日子。”

斯坦福“鸭子综合征”

卡罗尔·帕诺夫斯基（Carole Pertofsky）[7]，现担任斯坦福大学健康促进会（Wellness and Health Promotion）主任，也是当年与我联合创办斯坦福大学第一个快乐心理学课程的合作伙伴。卡罗尔跟我提到了“斯坦福鸭子综合征”（Stanford Duck Syndrome）——斯坦福的学生们就像是浮在水上的鸭子，在水面上看，鸭子平平静静，水面波澜不惊；然而在水下，却是暗流汹涌——鸭子的脚蹼要不停地用力划水，一刻不能停歇，才能保证自身在水面上继续平静优雅地移动。卡罗尔跟我分享了这样一个故事：

有一个斯坦福女生，在第一次听完卡罗尔的快乐心理学课程后，找到她说，自己想辍学了。卡罗尔问她因为什么，女生说：“从小到大，我爸妈就教育我说，我以后的事业必须要非常、非常成功才行。长大之后，我问爸妈，那我需要怎么做，才能变得非常、非常成功呢？他们说，要想非常、非常成功，就必须非常、非常刻苦。又过了很多年，我又问爸妈，那我需要怎么做，才算是非常、非常刻苦？结果他们说，什么是刻苦？刻苦就是要受苦啊。”“这种心态在斯坦福简直太普遍了，”卡罗尔说，“这已经形成了固定的模式——想要全力以赴取得成功，就要牺牲现在的幸福。”

如果你以为这种“老鼠赛跑”的日子只发生在斯坦福和硅谷，那就大错特错了——在各个地方、各个行业，“老鼠赛跑”都无处不在。无论你是在瞬息万变的互联网行业做网页设计师，还是在清净的校园教书；无论你是普通消防员，还是高级军官，你都逃不掉每天检查“工作日程表”：完成的今天任务，确定的明天任务，还要不断想着超额任务——工作中多追加一个项目；学习中多追加一个科目；甚至投资时还多追加一个担保，只是为了以防万一！原定的下班时间到了，可你的同事们都在自愿加班、奔着超额完成业绩努力奋斗，那你是加班还是不加班？于是，每个人都像永动机一样为“下一个目标”持续努力，谁也不敢停下来歇口气。

为什么我们会这样？**因为我们都生活在“错误理论”的死循环中，谁也逃不出来**——想成功吗？那你就要以最快速度把事情做完，然后再以最快速度奔赴下一个目标。我们的脑子一直在想“下一个”——下一个任务、下一个荣誉、下一个需要去联系的人……在这个过程中，牺牲“当下”就成了一个必然选择——放弃个人快乐、忍受无休止的负面情绪和精神压力——因为你觉得，“现在受的这些罪，等熬到成功，就都值得啦！”结果是，自己亲手把自己逼上了焦虑型工作狂的不归路，一刻不停地问自己：“接下来还需要做什么，才能实现未来目标？”

即便你不自问这些问题，你的上司、合作伙伴、同事也会帮你问。如果你的回答是“接下来还没啥打算”，呃……你自己都觉得脸上羞羞的。

于是，**我们都在一条“强制通往成功”的路上骑虎难下**——不停地往自己的简历上“贴金”，不停地增加自己名片上的头衔。这个月的工作还没完工，下个月的计划已经让人头疼了；刚刚把今天的“工作任务”清空，明天的“待办事项”又塞满了；这学期的论文和答辩还没完工，脑子里已经开始琢磨下学期的研究课题了……哪怕是在厨房洗碗的工夫，一边洗着碗，脑子里还一边盘算着工作上的烦心事……

这种“完成目标”的生活方式，是不是一无是处呢？当然不是，获得成就感当然是好事！然而**疲于为了短暂的明天而奔命，这种工作方式反而让我们离未来的成功越来越远**。当所有人都告诉你要抓紧每一分钟、抓住每一个机会、只有不断做出成绩才能成功的时候，你大概已经没有时间去反思——我现在做的一切工作，对我想达到的成功，到底起到多大作用？既然甚少有精力去反思了，于是在累死累活的时候自我意淫一下——唉，我可真有毅力啊！成功早晚属于有毅力的人！

你可能听说过这样一个“著名实验”[8]——研究人员对一组小孩子做实验，给每个小孩发了一些糖果（有的版本写到是棉花糖或饼干），然后告诉他们，如果他们能在一段时间内忍住不吃的话，就能够得到比现在多一倍的糖果。后来实验证明，那些能在规定时间内忍住不吃的小孩子，在长大成人后更容易取得成功。

这个理论听起来太好了，对吧？但是问题来了：**当我们已经长大成人了，我们还像那个实验中的小孩子一样，克制住自己，不去享受当下的快乐，而老天真的会在日后奖励我们多一倍的快乐吗？**我们相信这是真的，于是心甘情愿地做个工作狂。

心理学家告诉你，“加班”为什么会上瘾

在《真实的幸福》（*Authentic Happiness*）[9]一书中，心理学家马丁·塞利格曼（Martin Seligman）讲述了这样一个故事：有一户

人家，养了一只宠物蜥蜴。这只蜥蜴一直绝食，什么也不吃，眼看就要把自己饿死了。蜥蜴的主人急得团团转，也不知道怎么才能救活蜥蜴。直到有一天，主人正在吃一个三明治，结果蜥蜴像突然被激怒了一般，使出浑身力量，纵身一跃扑了上来……原来，**蜥蜴并不是因为不想吃东西而绝食，它只是宁可选择饿死自己，也不选择无法自己捕猎、饭来张口的生活……**

这种捕猎的心态，也存在于我们人类身上，这就是我们去追逐一个又一个成就的动力。**这种追逐过程中的快乐，对潜在猎物（荣誉奖项）的兴奋感，被称为“预期快乐”**（anticipatory joy）。

这种预期快乐作用在所有的动物（包括人类）身上，帮助我们生存（通过寻找食物的“预期快乐”）、保持物种繁衍（通过寻找配偶的“预期快乐”）。在我们的生活中，正是这种“预期快乐”，让一直没追到手的姑娘显得那么有魅力，所谓“求之不得，寤寐思服”；也正是这种“预期快乐”，让每年的黑色星期五大促销[10]显得那么有诱惑力，社交网站上收获的“点赞”那么让人开心；苹果手机只要发布了最新款，无论我们是否需要换手机，都会觉得心里痒痒的，也正是出于这种“预期快乐”。

无论这个“预期”是一个战利品、一个职位晋升，还是知名比萨店里的一块比萨，都能让我们产生“我想要”的预期快乐。这也是为什么逛街、试驾法拉利，甚至赌博……都容易让人着迷上瘾。而精明的商家正是看中了消费者“预期快乐”的心理，不断推出“特款”“独家”“限量版”的噱头，推出“限时特价”等伎俩，不停地暗示我们，“快来抢哦，手慢了就没了哦”。同理，这种“预期快乐”的心理陷阱，也被大量运用在商务谈判、沟通协商中。

而我们一直提到的“工作狂”呢？其实也是一种不易察觉的

“预期快乐”陷阱。我们被这种“得到了一定很爽”的预期快乐吸引，不断去努力得到新的职位、新的荣誉奖项……学者迈克尔·特雷德韦（Michael Treadway）的一项研究发现[11]，**当人在更加辛苦地努力工作的时候，大脑会自动分泌更多的多巴胺（一种可以使人产生愉悦感的神经传导物质）。于是，我们更加辛苦地去处理超额的邮件，完成超额的任务量，制订超额的计划表……我们听说过“酒精成瘾”“药物成瘾”，其实“工作成瘾”也是类似原理，这个“瘾”就在于一直被我们的文化所鼓励（职位、奖金、职称、荣誉等），我们追寻上瘾的一切，却忽视了这对我们身心健康的长期负面作用**[12]。

这种不断“追逐”的心态之所以深入我们的文化，是因为它在人类历史中，曾帮助人类抵御众多外部刺激带来的危机，让我们得以生存繁衍。到了现代生活中，信息技术产生了，它则更像一个实时雷达，监控着我们工作和生活中的所有事务。计算机、智能手机、平板电脑……领导的最新邮件随时随地躺在“未读信件”中，你是看还是不看？“待办事项”的自动提醒功能随时从电脑屏幕中弹出来，你是干还是不干？打开手机，“未读消息”的小红点永远在，你是点还是不点？哪怕你没时间打理这些设备，还有更新的高科技替你打理——智能手机和Apple Watch[13]随时“嗡嗡”地震动提示：“您有新的未读邮件”“您有新的未读消息”……此外，不断涌出的网络社交媒体——领英、脸书、推特……总有刷不完的新鲜事和点不完的赞，提醒着我们不要与这个时代脱节。

哈佛商学院的教授莱斯利·佩罗（Leslie Perlow），写过一本叫作《与你的智能手机共眠》（*Sleeping with Your Smartphone*）的书，书中有一个概念很有意思，叫作“成功狂”（successaholics）。佩罗教授认为，**成功也是会上瘾的**。**成功狂往往都是“FOMO[14]”**

患者，必须让自己随时保持“在线”状态，才有对自己生活的掌控感，才会感到心里踏实。在《哈佛商业评论》（*Harvard Business Review*）[15]中，佩罗教授这样说道：“我们沉迷于工作的原因，往往并不是我们喜欢工作本身，也并非长时间沉迷于自己喜欢的事情而带来的深层次满足感，而是完成工作能带来名利、好处。”佩罗教授还指出，成功狂有可悲的一面——他们的大部分生命都花费在手机和电子邮件上面，错过了生命中的很多其他美丽时刻，比如看着孩子一天天成长的幸福，或是分享最好朋友婚礼的喜悦时刻。

在“预期快乐”的影响下，我们如此迫切地追逐成功，马不停蹄地完成更多的工作、取得更多成就……殊不知，这种高产模式其实弊大于利，反而降低了我们成功的可能性。

哈佛研究告诉你，梦想实现了，也未必开心

我们像永动机一样不停做事，是因为我们相信回报的多少，取决于成就的大小——一项荣誉、一大笔存款……我们相信，这些成就终究会在未来给我们带来更大的回报——快乐。我们对成功、名誉、金钱这三者总抱有幻想，这让我们在成为它们的奴隶的同时，还总是心存满足。我们经常幻想“等把这件事做完，就能开心了”，你可能觉得，只要疯狂工作，说不定明年就能被领导提拔啊，最起码今年能有一大笔年终奖啊，那有钱了就可以任性了啊……所以，到那时我就

开心了吧？

然而，事实是，当我们顶着一切压力和紧张，牺牲掉个人健康，终于达成了目标时，我们会发现，快乐也随之悄悄溜走了。哈佛大学学者丹·吉尔伯特（Dan Gilbert）的研究显示[16]，**人类对于快乐的预期评估，简直糟糕透顶——我们经常高估了完成一件事情会给我们带来的快乐感，那就像是小猫抓到一件玩具之后，很快就丧失兴趣一样**。当我们终于得到了我们想要的一切——一大笔年终分红、一个垂涎已久的职位，或者真的中了彩票，我们往往发现，自己并没有想象的那么开心[17]。

当然，这种“未来导向”的生活也给我们带来了好处。在我们生活的很多方面——无论是职业发展还是个人财政，计划性是非常必要，也是非常重要的一部分。我们需要有一定的打算，也需要有适度的焦虑，比如：“我如何保证团队能够把产品准时地送到客户手中？”“我名下的贷款打算怎么还？”研究表明，**对未来的计划性，能够帮助人们做出更明智的整体性决策[18]**，这里包括个人财务决策，比如你需要有多少银行存款[19]。

作为回报，“预期快乐”给我们带来了决心、兴奋感和勇气，帮助我们更努力地去获得一个新职位、一份新合作，帮助我们坚持跑完一场马拉松比赛、拿下一个新的硕士学位，或是坚持学会一门新的外语。我们享受着追逐梦想的过程，这种“得之不易”的感觉让我们对一切更加珍惜。

然而，这种对成功马不停蹄的追逐，也给我们带来了一系列麻烦，比如大大地损害了我们的身心健康，以致阻碍了我们迈向成功的脚步。诸多研究表明[20]，工作狂和成功狂是导致以下一系列问题的元凶。

健康问题。身体健康和心理健康水平明显降低，容易出现身体倦怠、情绪疲惫、愤世嫉俗、人格解体综合征（depersonalization）[21]等不良反应，导致对生活的整体满意度下降[22]。

工作问题。疯狂工作反而会使工作效率降低？这似乎有点违背常识，但研究表明，长期的工作狂状态确实会导致工作满意度降低、工作压力上升、注意广度（attention span）[23]下降[24]，从而影响整体工作效率。此外，由于一直在计划“下一个打算”，他们投入眼前工作的精力反而受到限制。

人际关系问题。在工作关系中，当你持续地追求个人成就时，容易引起同事关系的摩擦——竞争加剧、不信任等内耗问题[25]。此外，工作狂状态也容易导致工作和生活冲突，以致家庭生活的满足感下降、夫妻关系的摩擦加剧[26]。毕竟，如果你一直想着“接下来要完成的事情”，你在当下时刻陪伴家人和爱人的时间就必然会减少，因为你觉得，这些家庭琐事哪能比手头上的工作重要呢？

从“面子”上看，工作狂们拥有了自己想要的一切；但从“里子”来说，他们筋疲力尽，觉得一直发挥不出自己的最佳状态，被各种关系搅得焦头烂额。

成功人士散发“独特魅力”的秘密

让自己慢下来，先做好眼前的事情，不想未来，只关注现在——这些话听起来是不是疯了？但科学证实，这些“疯话”反而能让我们更快取得成功。常言道“活在当下”，拉丁语也有“及时行乐”（carpe diem）的古语，这些话并不是陈词滥调，科学已经强有力地证实了它们的正确性：**研究表明，把眼前的事情做好，不要太专注于下一步的打算——这种做法不仅可以让我们做事更加高效、心情更加快乐，还可以让我们具有大多数成功人士才拥有的稀有特质——独特魅力（charisma）**[27]。

“活在当下”四个字，看似简单，但对我们大部分现代人来讲，做起来其实很难——我们的大脑和身体习惯了像“多重任务处理器”那样工作。比如说在下班后，我们一边接孩子去公园玩，一边还在路上跟同事打着电话；上班的时候，我们一边开着会，一边整理着明天的“待办事项”；午餐的时候，我们一边跟朋友吃着饭，一边还在手机上更新着“朋友圈”状态。**“多重任务处理”的生活方式，让我们永远无法全身心地投入眼前的某一件事——我们以为自己节省了时间，殊不知我们恰恰失去了最最重要的“现在”**。

而科技的飞速进步，让我们的这种“多重任务处理”模式变得越来越不可遏制——你可能一边在单位开着会，一边看着手机短信上老婆大人说，下班了让你开车捎她回家；你可能一边写着工作文件，一边回复着电脑里即时弹出来的工作邮件……当然，有些工作岗位需要你必须第一时间回复电子邮件，但是大部分邮件没有那么十万火急，可是我们已经喜欢上了“多重任务处理”。智能手机的普及，让我们的“专心致志”更加成为“不可能”：随时查看着手机，哪怕没有消息和邮件也要随时翻看，工作时看着手机，陪家人时看着手机，度假时看着手机，甚至去健身房的工夫都要带着手机。

然而，**这种“多重任务处理”的模式，非但没有给我们节省时间，反而更费时费力**——当你在进行某项工作的时候，如果能心无旁骛、不受外界干扰，不仅效率更高，还更能享受做这件事本身带给你的乐趣。而当我们同时做几件事的时候，其实哪件事都不能非常投入而专心地做好。

研究表明，**“多重任务处理”的模式会损伤人的记忆力**。科学家在实验中发现，在大学课堂上，使用传统纸质讲义（关闭笔记本电脑）的同学，比一边看电脑一边听讲的同学对课程内容的记忆效果更好[28]。另有研究证明，由于“多重任务处理”模式让人长期处于“被打断”的状态，人对信息的过滤能力会逐渐丧失，导致人的专注力下降[29]。换句话说，我们训练过让大脑同时处理几件事，但结果是每件事都处理不好。研究证明[30]，当人在一边开车一边跟别人讲话的时候，大脑放在“驾驶”上面的注意力仅为37%。曾经有一家通信公司的经理告诉我说，她发现越是在同时做几件事的员工，完成全部任务的总体效率，反而比那些先专心做完一件事，再专心做完另一件事的员工要低。于是，她告诫员工“慢下来”（这非常不像一个经理说的话），因为她知道，让员工“活在当下”“心无旁骛”地先做好眼前的事情，能让员工们更好地投入现有工作，这不但可以让员工们发现工作的乐趣，还能让员工在充分投入的过程中学习到更多的东西，从而把下一件事做得更好。

当我们陷入“多重任务处理”的模式时，不仅仅是工作效率会下降，身心健康也会同时受到侵害。研究发现[31]，**人们在越多的媒介之间“切换工作”——比如说一会儿用笔做笔记，一会儿用手机发信息，一会儿用电脑查邮件，焦虑指数和抑郁指数越会呈现明显上升的趋势**。长此以往，人就更容易压力爆表、身心俱疲。

而另一方面的研究表明[32]，**当我们心无旁骛地做某事时，我们会更容易感到做事过程中的快乐**。此外，专心致志地完成当下的工作，让我们更加高效。现在设想一下，你正在面对某项艰难的工作，你知道做这件事需要投入大量的时间和精力，如果是“多重任务处理”模式，我们很容易会先挑简单的事情做，然后一直把这件难做的事情往后拖延。但单一的任务处理模式则不同，它能让我们心无旁骛地面对困难——而当你全身心投入的时候，你会随着不断深入，发现过程中的乐趣——这让我们不但克服了“多重任务处理”模式带来的“拖延症”，还收获了做事过程中的快乐。

心理学家米哈里·契克森米哈赖（Mihály Csíkszentmihályi）通过研究发现[33]，当你全身心地投入某件事情时，你会产生高度的活力和非常纯粹的喜悦感，米哈里将这种状态称为“心流”（flow）。**“心流”的产生条件有两个：首先，你要百分百地全身心投入某事；其次，这件事情要有一定的挑战性**（但不能是完全超出自身能力范围、自身无能为力的事情）。满足这两个条件，**人就会忘掉其他一切干扰，深深地被当下的事情所吸引，投入其中，“心流”就会产生，身体、心灵都会产生极大的满足感**。

有一段时间，我发现自己特别讨厌“跑腿打杂”，比如给汽车加油、交电费、去超市买柴米油盐……这些生活琐事，我都曾经觉得它们很烦人，总是占用我的时间，让我不能更高效地工作。于是，我想过很多办法（比如雇人帮我打理这些生活琐事）。然而最终我发现，我追求的“高效工作”，不仅让我总在为“下一个目标”忧心忡忡，同时也让我错失了很多眼前的朋友和当下的机会。我让生活快速地从A到B，但是我丢失了过程中的美丽。比如说，去见一个好久不见的朋友，我一边聊天一边还习惯性地刷着手机邮件，或者干脆聊一会儿就匆匆地回家了，因为“还有工作没做完”。而这样“努力”给我带来的结果是：我一直处于焦虑状态中，什么都没做好。

事情的转机，是我有一回得了胆囊炎，做了胆囊手术。这下老实了，哪儿也去不了了，听从医嘱，被迫休息2周——也没有别的事情可做，于是吃饭时只想着吃饭，睡觉时只想着睡觉，晒太阳时就只想着晒太阳。然而让我惊喜的是，虽然术后的身体偶尔还隐隐作痛，但我的生活突然幸福指数暴增！我发现阳光晒在身上怎么那么暖和啊！以前怎么没发现饭菜那么好吃啊！以前睡觉怎么没这么香啊！这种无理由的快乐，真的太让我惊喜了。结果呢？当然不是我就从此晒太阳、发呆、辞职不干了，而是我开始调整自己的工作和生活方式——逃离“多重任务处理”模式。经过一段时间，我真的可以心无旁骛地专注于当下的某件事了。同时我发现，这些年因为“多重任务处理”模式，我真的损失掉了很多快乐——专注于日常生活的快乐，专注于一个社交活动的快乐，专注于一项工作的快乐……当我对待同事、对待身边的活动都专心致志了之后，我发现，我的效率反而更高了——比我当时绷紧神经，同时做着好多事情，脑子里还想着“下一件事情”的效率高多了。

像曾经的我一样，很多人依然深陷“多重任务处理”模式的负面影响中。哈佛大学的两位学者——马修·柯林斯沃斯（Matthew Killingsworth）和丹尼尔·吉尔伯特（Daniel Gilbert）做过一项有5000人参与的实验[34]，成年人在“当前事情”中投入的精力，其实只有50%。换句话说，我们只有50%的有效精力去面对每一刻的生活——工作、家人、朋友、快乐……我们在当下的每一刻，只获得了50%的收获而已。

那么，人的“一心多用”对幸福指数有什么影响呢？科学家同样做了实验：根据柯林斯沃斯和吉尔伯特的学术论文《“一心多用”让人不快乐》（*A Wandering Mind Is an Unhappy Mind*），当人全身心专注于当下的某事（无论这件事是什么）时，人是最开心的。换句话说，哪怕你做的是一件比较枯燥的事情（比如说整理办公文件），当你全身心地投入时，也比一边整理文件一边脑子里想别的事情要快乐得多。

另有研究证实[35]，“一心多用”会使人产生不良情绪。**当人的大脑总想着过去或未来的事情时，负面情绪更容易产生**。例如，当你在思虑未来的事情时，更容易产生紧张、害怕感，特别是当你不断盘算着“还差多少才能做完”的时候，就更容易产生恐惧和压力感。而当人长期沉浸于过去之事时，会更容易滋生愤怒、困惑、悔恨等情绪。即使过去的事情已经过去，可是这些会激发负面情绪的场景仍会在脑海中一遍遍重演。每一天都是新的，每一个小时都是新的，每一个环境都是新的，然而我们沉浸在过去，耽搁了现在，让现在又成为以后的“新的悔恨”。

我并不是指“畅想未来”和“回忆过去”都是错的。这二者都对我们至关重要，是我们创造力的主要来源（在本书第4章会详细提到）。适当地“畅想未来”不仅可以激发创意，还会带动我们的积极情绪。合理地“回忆过去”——那些记忆中的美好音乐、美好话题、美好的一切……都能让我们产生幸福感[36]。而上面提到的学者马修·柯林斯沃斯和丹尼尔·吉尔伯特的研究表明，**最能令人产生愉悦感的，并不是“畅想未来”或“回忆过去”，而是“活在当下”**。

为什么“活在当下”最令人开心呢？因为当我们全身心地投入眼前的某件事情时，我们就不再像“老鼠赛跑”一样疲于奔命，我们可以慢下来，专注地去对待身边的每一个人，专注地去对待刹那间产生的每一个灵感，专注地去完成我们正在做的工作。

那么我们该如何进入“活在当下”的状态呢？有一些简单的小方法——比如当我们在做一件事时，可以把办公桌上与之无关的“干扰物”都收拾掉，把手机调成静音，把新邮件的“自动弹出窗口”关掉，用电脑插件暂时屏蔽掉会使我们分心的网站（比如社交网站等），然后用一个计时器，保证一个相对完整、心无旁骛的工作时间，等到时间了再去休息。我的习惯是用一个老式的沙漏做计时器，你也可以根据个人喜好选择别的计时器。

我们假设一个场景：你在鸡尾酒会上遇到了一个朋友，结果对方在跟你聊天的时候，眼神一直往别处扫。对此你心里会怎么想？会觉得对方如何？我想大部分人都会心里不舒服，觉得自己被轻视了。因为很明显，对方觉得酒会上有人比你更重要，于是虽然“身体”在你面前，但是“心”却不在这里。那么，如果这个人一边跟你说话，一边头都不抬地看手机呢？你还愿意跟这个人聊天吗？没有人会喜欢一个“心不在焉”的人，而一个宁可看手机也不看你的人，往往更让人讨厌。实验表明[37]，拨弄手机，会对双方面谈的融洽性造成很大损害。

如果我们换一个场景，比如你在和对方说话时，发现对方非常认真地在听你说话，你的感受如何？如果恰好对方的电话响了，但是他没有接，按掉电话继续跟你说话，你是不是会对他的印象分更高了？因为对方让你感到了被尊重的感觉，让你感到此时此刻对他而言，你比其他事情更重要。

为什么那些具有“独特魅力”的人，好像特别有气场，让你不能忽略他？这正是因为他能够用有益的方式与周围人进行沟通联系[38]。比如历届美国总统（这些都算是极具“独特魅力”的人了），**他们在与人交谈时都有一种能力——能让对方感到“好像整个房间里，总统只在和我一个人说话”的那种专注和满足感**。

“独特魅力”，我们经常将之视为一种天赋，一种能让人像星辰般夺目的“难以描述的品质（je ne sais quoi）”[39]。德国学者马克斯·韦伯（Max Weber）为“独特魅力”下过这样的定义：**“一种与众不同的个体人格，像是被上天赋予了超能力、超人一般的（或至少是超乎常人的）独特品质……让他们鹤立鸡群，具有领袖气质[40]。”**

然而随着科学的不断深入，研究发现[41]，“独特魅力”并非是一种多么神秘莫测的天赋，而是一种后天可以学习的能力，关键点就在于“身心合一，全神贯注于当下”。研究指出，**一个具有“独特魅力”的人，需要具备以下6种能力**。

1. 同理心——学会站在对方的角度看待和理解问题。如果你想要足够吸引对方，首先要能对他感同身受。而如何做到感同身受呢？首先，你要做到身心合一，对当下的事情全神贯注。

2. 倾听能力——倾听能力不仅指你在听对方说话，还包括你是否“听见”了对方说的话（包括口头语言和肢体语言）。试想，一个人在开会时突然插嘴、打断你的话语——说明他根本没在听你说话，他想的只是自己。而他接下来插嘴说的一切，无非是想证明自己有多聪明。如果你在听别人说话的时候，脑子里还时时惦记着别的，你就不算真正具备“倾听能力”。

3. 眼神交流——说话时看着对方的眼睛，注视着对方。眼神交流是人类沟通联系时最强有力的武器之一[42]。我们经常有这样的直觉：当一个人的眼神“走神”了的时候，说明大脑也“走神”了。这种直觉不是子虚乌有，现代科学已经证实了它的正确性：神经系统科学的研究发现[43]，人眼睛的注意力转移时涉及的大脑功能区和大脑注意力转移时涉及的大脑功能区，是相同的。当你全身心地与对方沟通，发生眼神交流时，你在沟通中的影响力会大大增强——因为我们在沟通中不仅需要“被听见”“被理解”，还需要“被注意到”“被看见”。

4. 热情——热情和“虚伪奉承”不同，热情是一种真实的情绪，它可以通过赞扬别人的行为或想法，来对别人表示肯定。而如何能够拥有真正的热情，并且让展现热情成为一种强大的能力？首先你要足够真诚，并且全身心地投入和参与。

5. 自信——很多人都会担心：如果我和对方接触的时候，总是紧张或不知所措怎么办？其实，这说明你的关注点还是更多地在自己身上，而不是对方身上。当你全神贯注地听一个人说话时，你的关注点会自然地放在对方身上，而不是自己身上——这样一来，你就不会一直担心“别人会怎么看我”之类的问题，你会变得更加沉着、自然，自信心也就随之而来了。

6. 说话技巧——如果你希望说的话掷地有声、对他人有影响力，那你首先要了解你的听众。如何了解你的听众呢？唯一的办法就是和他们保持在同一频道——只有当你全身心地与你的听众互动时，你才能真正了解他们的需求，了解他们的背景，了解他们会如何理解你所说的话，从而调整自己，根据不同的受众选择不同的说话方式。当你会“说话”了之后，你才能真正地被别人“听到”。

综上所述，如何做到具有“独特魅力”？简而言之，就是做到“活在当下”。

当你持续不断地把注意力放在“下一件事”和“下一个人”身上时，你当下的效率就会因此受到影响，大打折扣。专注于当下的事情，进入一个高效而专注的状态，你会变得更有魅力，你周围的人也会更加地理解和支持你。获得一个良好的人际关系，是通向成功[44]和快乐[45]的重要的钥匙。

5个练习，让你既开心又高效地把工作干完

柯林斯沃斯和吉尔伯特发现，人放在“当下”的专注力，平均只有50%。那么如何去面对和解决呢？改变一个我们多年的习惯并非一蹴而就，第一步是——“意识到”。

当你发现大脑又在想着以后的什么事时，你可以选择把自己的念头拉回来，不再继续分神。比如说，你现在正在办公桌旁办公，或正坐在餐桌旁和爱人一起吃晚餐，或正在陪孩子玩……很多时候你都能发现自己在“走神”。当然，这绝不是你大脑的第一次走神——在想明天的事，在想下个月的事，或者别的——但当你意识到自己分心了，意识到“啊，我这一刻正在和孩子玩，不应该想别的”（“意识到”非常重要）时，重新定位你的注意力，把它们放在当下之事上面。这个练习在一开始可能会比较难，但就像练肌肉一样，我们也可以慢慢地增加这方面的力量和能力。以下这些练习，只要你长期坚持去做，就能有效地恢复“当下”的专注力。

练习1：有意识地将注意力放在当下。可以先从10分钟的练习开始。比如说，如果你现在有一份PPT需要准备，或者正在填一份纳税

申报单，做这种自己不太喜欢，或者希望赶快弄完万事大吉的事情时，你可以试着全神贯注地投入。**这些比较枯燥乏味的工作，反而是训练自己注意力集中的好机会**。你可能发现，当你全身心投入时，事情并没有想象的那么烦。当自己忍不住想偷偷地上个网，或者忍不住想看看手机的时候，提醒自己，先把注意力放在目前的事情上。

在工作之余，抽时间去看看日落，去给宠物洗个澡，给朋友打个电话，或者做一些计划之外的放松。不断训练自己活在当下，活在当下也就自然而然地变成一种习惯。这并不是说训练自己全神贯注之后，切菜速度会快多少，或者吃饭的速度会快多少。训练的目的在于自身——比如，你全神贯注地切菜时，会发现切菜的快乐，会**发现每件事的细节的美妙**。

练习2：冥想。2012年，一项研究显示[46]，**接受过冥想训练的美国人已经达到180万，占美国总人口的8%！**随着“正念”和身心灵概念的不断普及，现在这个人数应该比180万更多。冥想——我们在第3章会更详细地提到——可以帮助你培养身心的平静和安宁，打破我们在追求财富的过程中，遭遇的欲望和压力的恶性循环。研究表明[47]，**那些有一定经验的冥想者，神情恍惚、注意力涣散的脑活动明显低于常人**。

我曾经给学生、专业人士甚至退伍老兵，上过多年的冥想课。通常，当一段冥想刚刚结束时，人们总是跟我说：“感觉房间里的色彩比之前更鲜艳明亮了。”这并不是说冥想让我们的视力更好了——就我的知识体系而言，目前没有任何一项研究证明冥想能让人的视力一下子变好——而是由于在冥想开始之前，人们心里背负了太多的沉重包袱。当冥想时，心念就安静下来了。长此以往，人们会更加珍惜当下，从而对环境更加留心。

冥想有很多种方式，你可以试试自己真正适合哪种。如果你觉得打坐冥想的方式并不能真的静心，那你可以试试瑜伽、气功、太极，或者到户外走走，这些都能帮助你静心。而最近，我个人亲身体验发现（当然也被科学初步证实）[48]—— 阿育吠陀（ayurvedic）[49]疗法对于平心静气很有帮助。找到一项能够让你的大脑、内心、情绪、欲望等变得平静的方法，这能为你提升专注力打下非常好的基础。

练习3：专注呼吸。一种流传已久，而且非常有效的静心方式，就是将你的专注力集中到某件事或某个东西上，比如你的呼吸。当你发现自己心绪杂乱的时候，试试深呼吸。吸气，吐气，随着一次次吐气，好像把脑袋里的杂乱想法，随着呼吸一起排出体外了；随着一次次吸气，慢慢地把专注力调到当下。当你紧张的时候，可以试试反复做呼吸练习。

还有一种呼吸训练是“呼吸计数”，即每呼吸一次，就心中默数一个数字，1……2……3……一直数到10，然后再从1开始，循环往复。这种呼吸计数练习看起来没什么新奇，但研究表明[50]，它能有效帮助人将专注力转到当下，对“静心”有明显效果。

练习4：百分百投入地去享受快乐。这个练习很有意思。当你在快乐的时候，请闭上眼睛，百分百地去享受它带来的全部快乐。这种快乐可能是情绪上的（比如“情不知所起，一往而深”），可能是肉体上的（比如“食色，性也”），请完全投入地去享受它。比如，与其一边看手机一边吃饭，不如放下手机，一心一意地享受当下的每一口食物。研究表明[51]，当人投入而专注地享受快乐时，对快乐的感受度会提高。此外，人对持续感受这种快乐的渴望度会减低，因为内心已经得到了满足。

练习5：“离线”各种电子设备。拼趣网（Pinterest）[52]创始人埃文·普莱斯（Evan Price），曾经在《纽约时报》中讲述了一段他“离线”各种电子设备的经历。一个热门网站的创始人，最享受的时光竟然是在没有手机和网络信号的户外公路上，和太太一起开一天的车，享受下暂时“离线”各种电子设备的快乐[53]。暂时没了“更新”，没了“日程提醒”，让脑袋和身体都得到放松，无目的地走一走，专注地看看天、看看云。这些可能在一开始让人感觉非常别扭，而且这种“什么都不做”“什么都做不了”的感觉会让人更加焦虑，以致更无所适从——**有实验证明[54]，人们宁可被电击，也不愿意被关在一个什么都没有、什么都做不了的房间里**。但如果你能挺过最初的不适应期，你就会慢慢感到惬意。有一次，我和我家先生一起去了墨西哥的一个鸟类保护区。没有能充电的电源插头，更没有无线网信号，我们真的是过了几天“与世隔绝”的生活。虽然海浪声哗哗，火烈鸟如云，美景如此，但我们还是花了至少3天的时间才渐渐适应这种没有手机和网络的日子，渐渐地把念头调整到“当下”。

你可以尝试着放松自己。生活品质和工作品质，都建立在一个轻盈的身体上。有一个很有名的“心灵鸡汤”，说有个富翁和一个穷渔夫都在钓鱼晒太阳。富翁告诉渔夫现在应该如何扩大产出，如何挣钱，如何建立“渔业公司”，如何成为一个富翁。然后渔夫问富翁：“那么然后呢？”富翁说：“然后你就可以退休，享受生活，天天钓钓鱼晒晒太阳啦。”渔夫说：“我现在就天天钓钓鱼晒晒太阳啊！”很多人只是在嘲笑“鸡汤”的结尾，却从未反思它讲的朴实道理——如果你一直在奋力追求成功，是不是等于在绕来绕去，而忘了人生的目标就是“快乐”？

当然，我们并不是在否认“目标”和“雄心壮志”的重要性。

然而，**如果我们真的想发挥自己所有潜能去实现目标，那么有必要回归“活在当下”的状态**。活在当下，能够让你找到此时此刻此地的意义，让你更专注地做好手头上的每一件事。当你放慢内心的节奏，百分百心无旁骛地去做好眼前的每一件事，哪怕只是一些平凡的琐事，你都更能享受到做每件事本身的乐趣。这种乐趣会让我们做得更好、更高效，让我们自身变得更有魅力，也让我们的人际关系变得更加和谐而美好。

在学习斯坦福“快乐心理学”课程之后，杰姬·罗特曼慢慢尝到了“活在当下”带来的好处。在此之前，杰姬已经是斯坦福大学的尖子生了，是她所在专业的“极优秀”的学生之一。和其他尖子生一样，杰姬之前也是天天把自己累到半死，费尽心思争取机会往自己的履历上“贴金”，落得身心俱疲。在学习课程之后，杰姬开始不再想那么多“下一件事”，她开始强迫自己先专心致志地把手头的每件事做到最好。当她很专注地去做眼前的事的时候，她反而更能发现做每件事情和研究的乐趣，而不再把学业当成负担。并且，随着这种快乐心情的传递，她反而有了更好的同学关系，大家也更喜欢和杰姬这样既快乐又专注的女生共事。而这些珍贵的同学关系，对她在斯坦福毕业以及之后走向社会都起到了重要作用。

就像杰姬的故事一样，活在当下需要的就是注意力的“转移”，这个“转移”在一开始并非易事，但最后会对我们取得更长远的成功起到至关重要的作用。

本章注释

[1]美国哲学家。语出自《论“你是谁”的禁忌》第112页。

[2]对创业者（start-up entrepreneurs）的戏称。原文中作者有调侃的味道，于是翻译为“创业狗”。

[3]出自作者在2015年6月5日对杰姬·罗特曼的采访记录。

[4]也译为罗德兹奖学金，是一个世界级的奖学金，有“全球本科生诺贝尔奖”之称，得奖者被称为“罗德学者”（Rhodes Scholars），而“罗德学者”也被视为全球学术最高荣誉之一。

[5]即《福布斯》全球评选的“20岁以下的20位俊杰榜单”，由于中文翻译字数较多，不符合口语习惯，于是在译文的正文中保留了英语说法。

[6]rat race，美国俚语，引申义为“激烈而无意义的竞争”，这里为保持原文口语的幽默语气，采用了直译。

[7]出自作者在2015年6月5日对卡罗尔·帕诺夫斯基的采访记录。

[8]出自《个性和社会心理学》期刊1972年第2期由怀特·米舍尔等人所著的《满意度拖延时的思维和思想机制》。

[9]出自由马丁·E. P. 塞利格曼所著的《真实的幸福：用全新的积极心理学来帮你获得长久的成就感》。

[10]Black Friday Sales，美国感恩节的第二天，通常叫作Black Friday，标志着Christmas Shopping Season（圣诞节购物季）的开始。Black Friday Sales对于美国的消费旺季具有特殊的意义，各路商家往往抛出超低价促销吸引消费者。

[11]出自《神经科学》期刊2012年第18期由迈克尔·T. 特雷德韦等人所著的《个人多巴胺机制在下决心做决定时的不同》。

[12]出自《成瘾行为的研究和理论》2005年第3卷由M. D. 格里芬斯所著的

《工作狂仍旧是一种有益的模式》。

[13]苹果公司的一款智能手表。

[14]FOMO为字母缩写（fear of missing out），译为“社交控”，主要表现为忙于眼前事的时候，总是害怕会错过更有趣或者更好的人和事。

[15]出自《哈佛商业评论》2012年5月2日由莱斯利·A. 佩罗所著的《克服工作成瘾》。

[16]出自《心理科学的当代方向》2005年第14卷由T. D. 威尔森和D. T. 吉尔伯特所著的《情感预测：知道我们想要什么》。

[17]出自《个性和社会心理学》期刊1978年第8卷由菲利普·布里克曼等人所著的《彩票赢家与车祸受害者：幸福是相对的吗》。

[18]出自《心理科学》期刊2013年第6期由尚-路易·范·戈尔德等人所著的《过于多变的未来预示着可能发生不良状况》。

[19]出自《判断与决策》期刊2009年第4期由哈尔·厄斯纳·赫什菲尔德等人所著的《不要停止畅想未来》。

[20]出自《管理学》期刊2014年由马丽萨·A. 克拉克和博伊斯·贝尔茨所著的《只工作，不玩耍？整合分析工作狂的相关状况和后果》。

[21]心理学术语，一种知觉障碍，一般称为人格解体综合征（自我感消失症候群）。

[22]出自由克拉克和贝尔茨所著的《只工作，不玩耍？整合分析工作狂的相关状况和后果》。

[23]出自《生产力与绩效管理国际期刊》2010年第5期由乔治·浩科斯和迪米特里奥斯·博辛纳基斯所著的《压力和满意度对生产力的影响》。

[24]出自《情绪》期刊2009年第9卷由J. 斯冒伍德等人所著的《情绪切换使

思绪游走：消极情绪导致思绪游走》。

[25]出自由克拉克和贝尔茨所著的《只工作，不玩耍？整合分析工作狂的相关状况和后果》。

[26]出自由克拉克和贝尔茨所著的《只工作，不玩耍？整合分析工作狂的相关状况和后果》。

[27]原意指神授的能力，结合具体语境引申为非凡的领导力、领袖气质、感召力等。

[28]出自《高等教育计算》期刊2003年第1期由海琳·西姆布鲁克和格里·盖伊所著的《笔记本电脑和讲座：在学习环境中同时做多个任务的影响》。

[29]出自《美国国际科学院学报》期刊2009年第106卷由E. 俄斐等人所著的《在媒体多任务同时工作中的认知控制》。

[30]出自《脑研究》期刊2008年第1205卷由马赛尔·亚当·贾斯特等人所著的《开车时听他人说话导致脑部活动水平下降》。

[31]出自《网络心理学、行为和社会网络》2013年第2期由马克·W. 贝克尔等人所著的《媒体多任务与抑郁和社交恐惧症状相关》。

[32]出自《心流和积极心理学的基础》中由米哈里·契克森米哈赖等人所著的《心流》部分。

[33]出自米哈里·契克森米哈赖等人所著的《心流》。

[34]出自《科学》期刊2010年第6006期由马修·A. 柯林斯沃斯和丹尼尔·T. 吉尔伯特所著的《“一心多用”让人不快乐》。

[35]出自《心理学前沿》2013年第4卷由迈克尔·S. 富兰克林等人所著的《头脑的一线希望：有趣的沉思跟大脑畅想时的积极情绪相关》。

[36]出自富兰克林等人所著的《头脑的一线希望：有趣的沉思跟大脑畅想时的积极情绪相关》。

[37]出自《社会与个体关系》期刊2012年由安德鲁 · K. 舍比尔斯基所著的《你现在能跟我联系吗？移动通讯技术如何影响了面对面交谈的质量》。

[38]出自《管理科学季刊》1991年第3期由罗伯特 · J. 豪斯等人所著的《美国总统的性格和魅力：领导者效率的心理学理论》。

[39]来源于法语，根据具体情况译为“难以描述的，不可名状的”。

[40]出自由雷纳尔 · 本迪克斯所著的《马克斯 · 韦伯：知识的肖像》。

[41]出自《传播学专论》期刊2010年第4期由肯尼斯 · J. 莱文等人所著的《衡量转型及领导人的个人魅力：为什么不量化个人魅力》。

[42]出自《心理科学》2012年第2期由E. D. 威瑟曼等人所著的《被看作是空气一般：被关注很重要》。

[43]出自《神经元》期刊1998年第4期由M. 科尔贝塔等人所著的《注意力和眼球运动相关的功能区域的常见网络》。

[44]出自由罗兰德 · S. 伯特所著的《网络经纪：你周围的社交网络如何创造出创新和高端增长的竞争优势》。

[45]出自《幸福的研究》期刊2007年第2期由梅利柯萨 · 德米尔所著的《跟朋友一起憧憬美好未来：最好和最亲近的朋友可以预测幸福》。

[46]出自国家辅助及综合健康中心发布的《最常用的大脑和身体练习》。

[47]出自《美国国际科学院学报》期刊2011年第50期由贾德森 · 布鲁尔等人所著的《冥想体验与默认模式网络活动和联结度的不同相关》。

[48]出自《非传统及辅助医学》期刊2011年第5期由安娜汀 · 伊特 · 巴斯勒所著的《初步研究阿育吠陀按摩对压力的影响》。

[49]一种印度草药和精油按摩。

[50]出自《心理学前沿》期刊2014年第5卷由丹尼尔·B. 莱文森等人所著的《你可以信赖的头脑：计算呼吸次数作为对正念的行为测量》。

[51]出自《个性》期刊1989年第4期由弗雷德·B. 布莱恩特所著的《知觉控制的4种因素模式：逃避、面对、获得和享受》。

[52]全球热门社交网站之一。Pinterest是一个创意词，由Pin和Interest两个单词组合而成，意思是把自己感兴趣的东西用图钉钉在钉板上。官网为https://www.pinterest.com，中文版译为“拼趣”。

[53]出自由尼克·比尔顿所著的《如果从高科技中喘口气》。

[54]出自《科学》期刊2014年第6192期由蒂莫西·D. 威尔森等人所著的《想想：不专注的大脑会带来什么挑战》。

Part 2

走出“超速”生活

情绪如浮云，风起四散飘。
随意风雨兮，呼吸似定锚。

——一行禅师[1]

“有压力才有动力”是真是假？

2011年3月，安东尼奥·奥尔塔-奥索里奥（António Horta-Osório）跻身世界金融帝国新贵之列，成为英国五大银行之一——劳埃德银行（Lloyds Banking Group）的首席执行官，也因此成为当时英国五大银行中年纪最轻的CEO。他的上任可谓深孚众望——当时的劳埃德财团正面临一系列问题，都翘首以待这位年轻的CEO展现能耐。年轻的安东尼奥也是一心求胜，每周超负荷工作长达90个小时[2]，希望可以力挽狂澜。

每个人都希望成功，虽然成功的定义对每个人而言千变万化——比如有人心中的成功是成为一个摇滚明星，有人希望成为一个舞蹈家，有人希望成为一个超级大厨，有人希望给全世界的名人做私人培训师，有人希望自己开公司当老板，还有人希望做一个好父亲或好母亲。然而相同的是，我们都希望发挥出我们的潜质。当我们在目标、梦想和志向面前时，没有人希望自己掉队。我们一直被灌输的一个意识就是保有“驱动力”——不断向前去推进，保持野心，积极主动，寻求渴望……

无论是上班时作为“公司职员”，还是下班后作为“家庭成员”，或者仅仅出于对自身的要求，我们都被“驱动力”逼着不断地向前冲。我们希望自己能够变得更好——职位再高一点，体重再低一点，钱赚得再多一点，大病小病再少一点，如果已经为人父母，那就再“教子有方”一点。“驱动力”不断地让我们加油再加油，殊不知我们的身心早已经处于“超速”状态，而长期“超速”正在让我们付出高昂代价，成为慢性压力的受害者。

所谓压力，就是当我们面对困难和挑战时，感觉自身资源和条件无法轻松应对目前的状况，进而产生的身心紧张的状态。从历史的角度来讲，人类一直长期处于压力中——饥荒带来的压力，战争带来的压力，疾病带来的压力，高婴儿死亡率带来的压力……时至今日，上述这些“旧压力”减轻了，然而“新压力”又接踵而来，而且压力指数居高不下。美国压力研究院（American Institute of Stress）在2014年的全美抽样调研结果显示：

- 企业雇主由于慢性压力导致健康问题，带来的经济损失：3000亿美元/年
- 由于慢性压力而导致的经常性身体问题的人群占比：77%
- 由于慢性压力而导致的经常性心理问题的人群占比：73%
- 由于慢性压力而导致的经常性整夜失眠的人群占比：48%[3]

上述只是2014年的结果。2014年，美国人还处于经济相对稳定的大环境中，食品保障和住房保障均正常，然而压力水平依然居高

不下。此外，48%的美国人表示“感觉目前压力比5年前的压力更大了”——压力指数正在不断攀升。

上文提到的劳埃德银行史上最年轻的CEO安东尼奥，在上任8个月后，终于被巨大的压力吞没，不得不因严重健康问题上交辞呈。他当时的压力指数已经达到临界值——连续5个晚上整宿失眠的状态[4]。当他递交辞呈之后，整个劳埃德银行的市价因此损失了10亿英镑。安东尼奥的例子像是一个巨大的讽刺——我们如此努力而奋不顾身地追求目标，结果却适得其反。

我们一直被这样的“常识”洗脑——人无压力轻飘飘，想成功就得有压力，有压力才能有“动力”。然而我们错了，压力并不能让我们取得成功。**成功并不取决于压力，而是取决于我们的“恢复力”**。

当我们想到“成功”时，“压力”似乎已经成了一个必要因素：想成功，那就得忍受压力。我们的文化也不断地把“成功”和“压力”联系起来——电视剧里的急诊室医生，总是精神极度紧张地忙于处理最最紧急的状况；电影里的律师，总是在高度繁忙的状态下应对一个又一个案件；名人传记中的那些商业大佬和霸道总裁，总是一边处理着巨单的生意，一边现身慈善活动现场，并且还能回家变身“好爸爸、好妈妈”陪孩子做功课。

我们的文化中，历来推崇“坚韧不拔”“永争第一”的价值观，而这些美好的价值观，都暗含着巨大的压力。想成为一个“职场干将”，那就得能真的“打出一片天空”，独当一面。当我们终于完成了某项工作的时候，我们习惯说：“搞定了啊！”“干得漂亮！”然而，无论是“搞”还是“干”，似乎成功一定是和这种力量性、有强度的动作相关。我们崇拜“强度”和紧张，而它们的背后都暗含了巨大的身心压力。

事实上，成功确实是和攻击性有关的。我曾经和斯坦福大学的珍妮·蔡（Jeanne Tsai）教授联手做了一项研究实验[5]，在美国，当我们想去影响他人时，我们会产生更多的高强度积极情绪——比如兴奋（相对而言，我们把平静归类于一种低强度情绪）。这是为什么呢？因为我们认为这种高强度积极情绪可以让我们更有影响力。在研究中，我们发现扮演领导角色的人，往往会无意识地给自己更多的高强度积极情绪。然而，诸如“兴奋”这样的情绪，虽然是一种积极情绪，但也会因为它的高强度性，给我们的身体带来压力。换句话说，兴奋也是一种压力——那些我们“为了成功”而给自己施加的，诸如“兴奋”等高强度积极情绪，同样会给我们的身体带来客观压力，我们的身体也在悄悄地为其付出代价。

科学研究表明，这种“有压力才有动力”的成功理论，虽然已经达到了四海皆知的普及程度，但事实上却会给我们带来长期危害。小压力确实能够激发我们的潜力，让我们在短期内发挥得更好。正因为这种短期的“小甜头”，我们觉得，既然压力可以变成动力而促进我们成功，那我们当然时刻都需要有点压力。然而，事实相反，长此以往的慢性压力是我们成功的大敌——慢性压力会使我们精力衰竭，极大地削弱我们的认知能力，而认知能力是促使我们成功的极重要因素之一。就像前面提到的安东尼奥的故事，长期压力并没有帮助他取得更大的成功，反而把他过早地送入了医院，成了他成功路上的绊脚石。

所以压力到底是好是坏?

当然，压力也不完全是坏的。短期压力往往是我们达成目标的重要动力。比如说，当你过马路时看到对面突然冒出一辆车，你的肾上腺素会在极短时间内迅速升高，于是我们的身体快速做出躲闪的反应。研究表明，适量的瞬间压力，对我们的健康有一定帮助[6]。我在斯坦福大学的同事——精神病学教授弗道斯·达巴（Firdaus Dhabhar），曾做过一系列里程碑式的研究，发现**适度压力可以对人的生理和心理带来双重好处，提高人体的免疫力**[7]。弗道斯教授最早提出假设，生理的短期压力反应可以提升人体机能的保护力和性能[8]。通过深入实验，弗道斯教授证实了短期压力可能带来的保护性影响，以及慢性压力带来的负面效应[9]。

在我做胆囊手术之前，弗道斯教授就提醒我说，人的压力反应会加强自身免疫系统的功能，从而帮助术后恢复。于是，他建议我在手术前尽量把自己的压力水平调低。弗道斯教授研究团队的成果报告[10]指出，**手术会提升人体的压力反应，使机体产生化学作用，从而加速术后恢复**[11]。所以说，如果我在手术前就处于慢性压力状态，实际上我是在消耗自己的身体资源。（在术前，我参加了一个为期两天的冥想训练，效果非常显著，对术后恢复极有帮助。）

短期压力还能带来一些附加好处。比如说，**短期压力能让人的身心有更佳表现**[12]，特别是我们即将进行某个个体活动（比如公共演讲、参加自行车竞赛、在音乐会上演出等）的时候——**但是，上述一切成立的前提是，个体不能处于慢性压力状态**。叶克斯—多德森定律（Yerkes-Dodson Law）[13]表明，适度压力会促使人有更好的表现，但当压力指数过高时，反而适得其反。比如说，如果你正在准备一个专业演讲，适当的压力能帮助你在演讲中发挥得更好，但如果你的压力太大，则会造成紧张过度等状况，导致你的演讲效果不佳。

另有研究表明，在特定情况下，压力能起到加强联结的作用，构建我们身边的支援系统（support system）[14]。急性应激（acute stress）能对人的合作、社交等行为起到促进作用。这些积极的社会性反应，能够有效地加强人与人之间的联系，共同应对危机、自然灾害等特殊状况。试想当年遭受“9·11恐怖袭击”的纽约，这种急性应激也在某种程度上促进了我们的众志成城和同舟共济。

但是，所有的事物都是物极必反。你可能也已经知道了慢性压力带来的诸多危害。长期过量的压力，会成为无形的杀手，毁掉你的健康[15]、人际关系和工作。就像上文提到的劳埃德银行前CEO安东尼奥，慢性压力从毁掉你的工作效率开始，毁掉你的成功，甚至毁掉你所在的工作组织。

科学研究表明，慢性压力不仅让你更容易生病[16]、更容易出现炎症反应[17]，而且会加快你的细胞老化速度[18]。同时，慢性压力会损害人的认知能力，降低工作效率。你是不是有过这样的经验，就是在压力大的时候，特别容易忘事？长期压力会损伤人脑的记忆力[19]、创造力，削弱我们对事物的客观判断力、对问题的分析解决能力以及决策能力[20]。甚至有研究表示，慢性压力会让人变成一个非常糟糕的管理者和领导者。**压力会带来涟漪效应（ripple effect），使你身边的压力越聚越多**。比如人的恐惧等紧张情绪的信息素（pheromones）[21]，会通过人体汗液排到体外，引起他人的反应。**当一个人携带“恐惧信息素”的时候，接近他的人会受到相应影响，大脑功能区（特别是杏仁核）[22]会产生更明显的活化作用，导致恐惧、紧张等情绪开始蔓延。**

我们不用“研究数据”，都会有这样的通识——当一个人把外面的工作压力全部带回家时，整个家里的气氛都会受到影响，变得紧张兮兮的。

既然压力有利有弊，并不是一个彻头彻尾的坏东西，我们要做的就是学会利用短期压力给我们带来的益处，同时尽量避免慢性压力给我们带来的危害。换句话说，成功是一个长期的、可持续的过程，我们不能“一支蜡烛两头烧”[23]，那样只能很快把自己耗干，还没熬到成功就倒在半路上。我们要像一个熟练的水手一样，在情绪压力的风浪中前进，哪怕暂时被巨大的压力波击倒，也能借势爬起来继续前行。

如此一来，我们就能够恢复心理弹性，利用人类这种在面对压力时产生的自然生理机能，从压力和挫折中振作起来。如果我们是水手，无论浪有多高，我们都能再次浮出水面吗？我们还能远离“体力不支”“慢性压力”等老问题，再次充满能量地向目标前行吗？答案是肯定的。只不过，知道如何给自己“施压”的人多，知道如何恢复自己心理弹性的人却并不多。那么接下来，我们就谈一谈这个问题。

科学证实：你的心理弹性真的不如狗

心理弹性是一种自然恢复力，让我们能从每天面对的压力——比如遇到一个难缠的客户；你十万火急地去谈一单大生意，却赶上航班延误；那一天天正在逼近的“截止日期”；等等——之中恢复元气。

我们都听过心理学上的“战斗或逃跑反应”（fight-or-flight response）[24]，当人类——或者说是绝大多数动物——在遇到危险时，身体会产生一系列应激反应，让我们做好战斗或逃跑的准备。然而，当危机过后，我们的身体会产生的另一种反应却鲜为人知，那就是“休息和消化反应”（rest-and-digest response）。

举个例子，在大草原上有一只小羚羊，它被一只大狮子盯上了。狮子紧追不舍，想把羚羊抓住吃掉。这时候，羚羊的身体就会产生“战斗或逃跑反应”，交感神经系统瞬间激活，肾上腺素增加。如果它被狮子抓到了，那么故事终止，羚羊变成了狮子的美餐。如果它侥幸逃掉了，当危机过去之后，羚羊的压力也就立刻消失了。这时候，羚羊的副交感神经系统，就会引导“休息和消化反应”生效，让羚羊开始放松下来，继续在草原上溜达、晒太阳。在狮子追逐它的时候，羚羊的“战斗或逃跑反应”需要非常大的生理能量支撑，当危机过后，羚羊就会自动让身体放松，恢复元气。短短数分钟之内，羚羊的神经系统就会平静下来，恢复到理想状态，让身体可以保留精力，储存能量。

在上个例子中，羚羊能够迅速恢复心理弹性的关键是：

- 在危机过后，羚羊能迅速开启“休息和消化反应”。
- 除非遇到下一次生命危机，否则羚羊会一直保持这种“休息和消化反应”，储存体力和能量。
- 在下一次危机来临的时候，羚羊能精力满满、全力以赴地去应对。

那么，是不是只有野生动物才会有这种“休息和消化反应”

呢？不是。比如你家里的宠物狗，你带狗狗去宠物医院做体检，狗狗就会开启“压力模式”，浑身开始发抖，耷拉着耳朵，死命地拖着狗链，不想进宠物医院的检查室。然而一旦检查结束了，狗狗就会自动开启“休息和消化反应”，过不了多久又开心得像没事一样。小孩子也有“休息和消化反应”。比如爸爸妈妈第一天送小孩子去上小学时，小孩子一步三回头地跟爸爸妈妈说“再见”，委屈得不得了。但当爸爸妈妈真的走了，背影也看不见了，小孩子过不了几分钟，就开始和小朋友们一起愉快地玩耍了。

小孩子和小动物，往往能够非常迅速地从压力状态中恢复心理弹性。这足以说明，**恢复心理弹性是再自然不过的生理过程，而且我们曾经都具备这样的能力，**但为什么我们越是长大，特别是进入成年之后，这种心理恢复力反而越来越差呢？

长大成人之后，我们似乎越来越难像小孩子那样快速恢复心理弹性了。我们越来越难迅速在压力过后进行自我调节——想想你自己，当自己遭受了挫折、压力后，多久才能恢复元气？5分钟？1小时？1天？还是5天？或者，你觉得压力是永远也卸不完的？有的人大早晨跟一个人在电话里吵架了，可能一整天都生气，甚至过了几个星期或几个月的时间，一想起这个电话还气不打一处来。有多少人，直到生命终止前，还带着几十年前的怨恨而不得安心？

我们很多成年人，都已经忘了如何找回自然的心理恢复力。这当然是一系列原因造成的。**首先是生理原因，我们在危机过后却依然心事重重；其次是文化原因，在充满刚硬感的现代社会，“弹性”这个词越来越不被我们的文化所认同**。

那么，是什么原因破坏了我们的心理恢复力，让我们不能像小孩子和小动物一样在压力过后自然恢复呢？为什么哪怕在危机过后，压力还是伴随着我们，成了挥之不去的慢性压力？

答案就在我们的大脑中。我们“聪明的”大脑的如下行为，反而成了我们恢复心理弹性的破坏者和绊脚石。

人类大脑的诸多功能区——比如负责视觉、平衡、恐惧等的功能区，和其他动物是类似的。**然而和绝大部分动物不同的是，人类大脑有高度发达的新皮质（neocortex）**。新皮质像一份美丽的礼物一样，让我们人类有了高于普通动物的智力、洞察力、反应能力，让人类得以发展出高级语言，具有读写能力和思维能力，能够交流思想和情感。然而，这份“美丽的礼物”也同时给我们带来了担忧、绝望、持续言语（perseverate）[25]等困扰。同时，新皮质还是一个“好编剧”，让我们不断地在大脑中自导自演，预想着“万一事情变成了这种糟糕状况，我应该怎么办”……

如果小羚羊的大脑也像人类一样拥有新皮质，那它在躲过了狮子追捕之后，可就不会那么悠闲地继续吃草晒太阳了——新皮质会引导小羚羊不断地在大脑中回放刚才狮子追它的片段，让它开始忧心忡忡，忍不住去想：“下一次狮子追我该怎么办？我要不要根据这次的成功脱险经验制订下一次的逃跑计划？”如果这只羚羊是母的，它可能会想得更复杂了——“哎呀，万一狮子伤到我的小宝贝怎么办……”

如果羚羊拥有了新皮质，它开始思考的这些问题是不是看上去好熟悉？

科学研究表明，**我们的大脑对负面信息的关注程度会高于正面信息[26]，以此来保证人类的进化**。比如说，如果我们的祖先遇到了很可怕的食肉动物，并且成功脱险，那么他就会通过记忆这段负面信息（当时所经历的危险场景），来让自己吸取经验，下一次成功避开这种食肉动物。但现如今，这种在当时帮助人类生存进化的本能，却给我们的生活带来诸多烦恼。

“邮件沟通”和“老板谈话”，哪个让人心理压力更大？

我们都有过这样的经历——哪怕只有一两件烦心事（负面信息），也足以把我们的心情搅得一团糟（让我们的心理压力达到极限）。英国心理学家保罗·吉尔伯特[27]（Paul Gilbert）博士，是同情聚焦疗法（Compassion-Focused Therapy）理论的奠基人，**他通过研究发现，哪怕只是老板打来的一个“烦人电话”，情侣闹脾气时发的一条“恼火短信”，甚至是跟路边一个陌生人因为什么事情吵了两句嘴，都可能立刻影响我们全身的生理化学反应，让我们进入一个紧张状态，最后被搞得筋疲力尽**。这些我们每天都难免会遇到的摩擦事件，简直是一件接一件，让我们很难进行“休息和消化反应”，去充分地放松和调节自己。

其实在日常的工作和生活中，哪怕是查看电子邮件的“收件箱”，都会给人带来压力。**研究表明，你每天查电子邮件的次数越多，你的压力指数就越高[28]；反之则压力指数越低**。加利福尼亚大学学者格洛丽亚·马克（Gloria Mark），联合美军研究员阿曼德·卡迪洛（Armand Cadello）进行过一项共同实验[29]，研究了电子邮件对工作效率和压力水平的影响。当被测试者远离电子邮件的时候，其专注处理手头事情的能力得到明显提高，压力水平（以测量心率为参考标准）更低。

这个实验结果，想必是在很多人意料之中的。**邮件沟通的弊端是，它损失掉了很多社会线索（social cues）**。在邮件发明之前，人们沟通（比如见面沟通或电话沟通）的移情作用更强，人们会通过表情、姿态、说话语气等社会线索做出调整，传递给对方的压力会更柔和。比如说，如果上司和某个员工见面沟通，发现这个员工看上去非常疲惫憔悴，上司通常也会关心一下，不会把话说得很重。但如果换成了邮件沟通，这些社会线索是不会被对方看到的，大家只是期待一个及时回复。而**这些商务、不带任何感情语气、简洁到惜字如金的邮件语言，其实是很难被收件人正确解读的**。比如你的一份非常详细的提案，老板的邮件只回了一个字“好”，你可能会紧张地猜半天——这是同意？夸奖？还是仅仅表示“知道了”？如果是工作伙伴之间的邮件，一句话的语气、标点、措辞……就更容易造成误读了。如果是以邮件方式告知某项新通知、新规定，则更容易增加人们的紧张感。

当你一天到晚被雪片似的电子邮件包围时，你是什么感觉？在电子邮件还没普及的过去，我们在沟通中产生的情绪大幅度波动，平均一天可能只有一两次（比如你和同事、伴侣之间发生口角，或是被一个“不速之客”的电话搞得很生气）。数字统计显示，2014年，商务人士平均每人每天会接发121封邮件（2011年的数量是105封，推测到2018年会达到140封）[30]。这样的结果是，即使你每天集中用1小时统一处理邮件，它们也会变成一个巨大的压力源，使你产生极大的情绪波动。当然，不是每一封“未读邮件”都是坏消息，偶尔你也能看到小外甥的萌照、朋友的结婚请柬……诸如此类的好消息。但不幸的是，正如上文所说，**我们更容易被负面消息影响，因为大脑会更倾向**

于记忆负面信息[31]。

这也就解释了为什么我们下班回到家，往往会累得筋疲力尽，明明这一天我们“好像什么都没做”，只是对着电脑屏幕而已啊。

不仅我们的大脑会不断产生这些煽动性的情绪，我们的神经系统也在不停接收各种各样的超负荷信息——多运动、变漂亮、低热量饮食、工作好、多学习……这些信息通过学校、职场、广告、大众媒体（比如电视），不断地推送给我们，触发我们的应激反应。

为什么负面新闻更容易扩散?

为什么负面的信息会泛滥成灾，我们会不断地被其淹没呢？这其实是有原因的。**商家也会利用心理学（大脑对负面信息的关注度要高于正面信息**[32]**），不断地制造出充满压力的新闻，从而博得我们的眼球**。**这也就解释了为何令人恐惧不安的消息总是渗透在我们的文化生活中——如果一条新闻想吸引公众视线，那最“便捷”的方法就是去制造让人有压力的内容**。于是，新闻媒体抓住这个定律乐此不疲，让新闻头条上永远是这样的大标题——某某国家开战！某某地区发生冲突！某某事件造成死亡！某某天气引起大灾难！甚至包括商家的限时促销、限量打折信息（比如黑色星期五大促销），也是通过不断刺激我们的肾上腺素，让我们觉得“哎呀，这个东西要赶紧去买”。结果是，日复一日，我们的生活被压力包围，无论对这些信息有着多么清醒的认识，我们都会感受到它们带来的压力和影响。

更糟糕的是，除了外部的压力信息，我们自身也在扮演一个积极角色，不断地给自己制造压力。由于每天接踵而至的外在压力，我们不得不每日都做出与之相对的应激反应（stress response）。

在进化过程中，应激反应本该在面对少数的、极端危险情况时才会被启动，但是我们现代人滥用这种应激反应，仅仅是为了面对我们三餐一宿、鸡毛蒜皮的日常需求。比如说，我们总有治不好的拖延症，不到最后的项目截止日期，我们就干不下去活儿，非得用截止日期逼得自己神经紧张，在紧张的压迫下才能把项目完成，而这已经成了一种日常工作常态。当我们觉得自己身心俱疲、又累又困，应该去休息时，我们却给自己灌一杯咖啡或功能饮料来“提神”，让自己继续“充满能量”地工作。事实表明，经常加班熬夜的专业人员、学生等人群，已经陷入一个危险（容易上瘾）的习惯——必须用兴奋性药物去控制自己的注意力缺失问题（Attention Deficit Disorder）[33]，才能让自己保持更长时间的注意力集中。

那么，我们白天筋疲力尽，到了晚上能否快速入睡呢？很多人躺在床上也是辗转反侧，脑袋里还在想着白天压力沉沉的工作，失眠成了另一种治不好的现代病。于是，我们白天睡不醒，需要咖啡和功能饮料提神；晚上睡不着，需要酒精或安眠药物助眠。长此以往，我们的神经系统被折腾得疲惫不堪。

总而言之，**正是因为这种外部的过度刺激、压力堆积，让我们现代人的身体失去了自然的恢复力。我们按照老方法去做压力管理，却发现越来越累，自己也越来越紧张**。

3种最常用，但最没用的减压方式

无论在学校还是在职场，我们都在学习各种信息、运用各种工具、熟悉各种规则……不停地给自己加码。但我们从没有学过如何去“减码”，给自己做压力管理，去应对各种困难。我们一直在告诫自己“坚持到底”，然而研究发现，以下这些压力管理的方式往往是弄巧成拙，甚至会带来毁灭性的影响。

跟自己说“哎呀，不要有压力”——没用

科学表明，如果我们能对某件事有预先判断，那么可以在某种程度上帮助自己控制一部分情绪。然而如果我们已经陷入某种困难处境，对自己打气说“哎呀，不要有压力”是非常苍白而无效的。

举个例子，比如你匆匆把车停在路边，去商场买了个东西回来，发现自己的车竟然没有被贴罚单，而且竟然还在车里找到一张30美元的停车券！那你当然会很开心，心里的石头终于落地，真是谢天谢地，甚至觉得这趟东西买得太值了。

但如果你从商场出来，发现自己的车已经被扣了，要去交750美元的违章停车费，在这个节骨眼上，偏偏你又急着要用车，着急去赶一场非常重要的工作面试……想想那心情，要想真的心如止水、毫无压力，还真挺难的。

像这种高压情况，想在当时仅仅凭借想法来调节自己的情绪，是非常困难的。想想我们在面临一场重要的考试或面试的前一天晚上，基本都是在使劲说服自己“哎呀，快睡着快睡着”，但依旧容易失眠；想想我们在已经焦头烂额、压力山大的时候，你的朋友或领导跟你说“哎

呀，不要有压力嘛”……你是不是觉得这句话好苍白，根本什么作用都不起，甚至会很撮火，觉得对方真是“站着说话不腰疼”？

或者，你有没有过这样的经历——越是想忘掉刚才和某个人的争吵或不愉快，越是告诉自己“不要想它”，这件事越是在脑袋里来回转。为什么控制自己的想法会这么难，特别是在压力大的时候，控制自己的想法会更难？哈佛大学心理学教授丹尼尔·韦格纳（Daniel Wegner）的系列研究表明[34]，**人控制自己某些想法的意向（毅力），在遭遇压力、精神负荷超载等状况时会自动解体，并且催生出一些不良想法，反而不利于我们实现目标。韦格纳教授称其为一个“讽刺进程”（ironic process）**。再比如，我们在节食减肥的时候，拼命告诉自己“要坚持，要忍住，不能吃垃圾食品啊，不能吃垃圾食品”；在遭遇分手之后，拼命告诉自己“要坚持，要忍住，不可以想他啊，不可以想他”……然而结果呢？**这些加之于自我的意志力，在压力的状态下全部自动解体**。

告诉自己“我没事儿，忍忍就过去了”——没用

当我们紧张、焦虑，觉得实在无法走出压力时，我们反而会去压制这种情绪，挤一张假笑脸跟自己说“唉，忍一忍就过去了”。然而，斯坦福大学心理学家詹姆斯·格罗斯（James Gross）的一项研究表明，**任何试图压制、掩饰自己真实情绪的做法，结果都是适得其反**。你越是掩饰自己的真实情绪，它们越不会消失，反而在我们的生理上用一种更强烈的方式表现出来。举个最简单的例子，当你强压下自己的怒火和紧张时，是不是身体自然而然地心跳加速、手心出汗？情绪的强行压制，会导致我们在生理上受到更大的影响——甚至是跟你说话的人，都会受到你的情绪影响（显示出心跳加速）。与此同

时，**经常压制负面情绪的人，会越来越容易在生活中感受到负面情绪，越来越不容易感受到积极情绪**[35]**，**导致自信心缺失、悲观主义、幸福感降低、抑郁倾向明显，甚至记忆力受损。此外，对负面情绪的压制，还会严重影响我们的人际关系和社交生活[36]。

“巧克力能让人快乐，酒精能消愁”——没用

为了减压，我们往往竭尽所能——“吃顿好吃的就不烦了”“喝顿小酒浇浇愁”“抽根烟压压惊”，或者干脆去看电视“刷剧”、杀一盘电脑游戏，甚至还有的牛人“接着工作！迎难直上是最好的减压方式”。然而科学研究发现，这些不健康的减压方式，反而会让问题变得更糟。

“这事儿太烦了，我得去喝一杯。”“走，外面抽根烟去。”……这些话是不是太熟悉了？我们在遇到压力的时候，往往像开玩笑一样就把这些话说出来了。当我们身心俱疲、一筹莫展的时候，往往寄希望于甜食和酒精，希望“与尔同销万古愁”。巧克力、酒精……这些东西确实会给我们一瞬间的放松感，但它们并不会解决我们神经系统的压力问题。如果对它们的使用发展成依赖，我们原本脆弱的神经系统会变得更加不堪一击。

当然，你可能也知道上述这些减压方式都不是长久之计，明明知道“借酒消愁愁更愁”，明明知道“吸烟有害健康”，明明知道“巧克力吃多了发胖”，然而，我们还是忍不住。其实我们不必过分自责，人在压力中去寻求解脱和快乐，是一种本能。那么有没有更好的方式呢？你还记得前文中的羚羊吗？羚羊可以很快地产生心理恢复力，那我们是否也能找回自己的心理弹性呢？——我们也在不断寻找，只不过一直用错了方式，比如骗自己“没事儿，这都不叫压

力”，比如给自己打气“忍过去就海阔天空”，比如我们在酒精、烟草和巧克力中希望得到暂时的快乐。硅谷已经在开发智能可穿戴设备，专门帮助人们“平复情绪”[37]。可能因为，现世的我们中的太多人，已经忘了如何找回一颗平静的心了吧。

阿富汗战争“战术呼吸”的启示

我曾经对一些美国的退伍军人做过研究，他们都饱受PTSD（post-traumatic stress disorder，创伤后应激障碍）的折磨。在一次交流会上，其中一个退伍军人对我说：“我知道我现在是在美国，我也知道我要去的那个商场大厦很安全，但我还是要在门口做20分钟的心理斗争，才有勇气迈进商场。”我们在高度紧张的状态下，“想法”往往变得软弱无力。虽然他“知道”商场没什么危险，但是自己依然要做20分钟的心理建设。仅仅靠大脑的“想法”，并不足以让自己对抗压力。而我们也是如此，特别是当我们处于慢性压力的状态时。

如果仅凭大脑的“想法”难以让我们恢复自然的心理弹性，那什么才是真正有效的方法呢？答案是身体——我们的身体。你可能注意过，身体状态是如何影响我们的“想法”的——比如身体摄入咖啡因，我们就容易紧张兴奋；肚子饿了的时候，人的情绪就容易暴躁。同理，如果你能让身体得到更多的放松，你的心理也会自然地放松，会更好地恢复心理弹性。试想，你在做了一次全身舒畅的精油按摩，酣畅淋漓地爬了一次山，或者泡了一个舒舒服服的热水澡之后，是不是感觉好多了？

但当我们遇到压力和难事的时候，我们很难随时随地就去泡澡或做精油按摩。那么，怎么才能随时随地地调整状态呢？答案就是我们每时每刻都在做的事情——呼吸。**呼吸是能够非常快速、有效地调节我们的神经系统，帮助我们重新恢复乐观状态的有力武器**。

呼吸的功效？我们或多或少都有些感性的了解，比如在身边朋友非常紧张的时候，你可能会非常自然地跟他说“深呼吸”——但是，我们并未理性地了解过呼吸的能量能有多强大。

呼吸——我们每天每时每刻都在做的、我们生命中最重要的运动之一，也最容易被我们忽略。因为呼吸都是自然而然地进行的，所以我们很少会刻意地意识到“我正在呼吸”。呼吸像心跳、消化一样，都是自动进行，无时不在发生。

印度的古儒吉大师[38]，是一位声誉卓著的灵性领袖及人道主义者，他通过生活的艺术基金会[39]，面向全球教授瑜伽的呼吸训练法。古儒吉大师指出，“我们来到这个世上的第一个动作就是吸气，离开世界前的最后一个动作就是呼气。呼吸就是生命。然而，我们无论是在家还是在学校，传统教育都没有告诉我们呼吸的重要性，以及它对我们身心的影响……当你关注你的呼吸时，你会发现，不同的呼吸模式会对应不同的情绪。就像你的心境会影响你的呼吸一样，你的呼吸也会反过来影响你的心境。”[40]

科学研究也不断证明了古儒吉大师说法的科学性。近来，比利时心理学家皮埃尔·菲利波（Pierre Philippot）的研究表明[41]，**情绪会对呼吸产生影响**。在菲利波的研究实验中，研究人员测量了受测者在难过、恐惧、愤怒、快乐等不同情绪中的呼吸模式。结果发现，人的不同情绪都跟呼吸有着直接的对应关系。

比如，当我们在紧张的情绪下，呼吸往往浅而急促；当我们内心宁静的时候，呼吸往往深而绵长；甚至是大哭大笑的时候，都会对应不同的呼吸模式。再比如，当我们身体疲惫、瘫在沙发上时，我们也经常下意识地“唉”一声，叹一口气。

比菲利波这次实验更有意思的，是他之后的一组实验[42]。研究人员另外请了一组新的受测者，让他们按照上一个实验的受测者的呼吸模式进行呼吸。然后，研究人员询问这些新受测者的感觉。让人惊讶的是，这些新受测者的“感觉”（情绪），和相对应的第一组受测者完全相同！换句话说，**当新受测者被要求按照“深而绵长”的呼吸模式进行呼吸时，新受测者会感到内心平静；当被要求按照“浅而急促”的呼吸模式进行呼吸时，新受测者也会感到紧张或愤怒**。

这个结果表明，**我们可以通过调整呼吸模式，从而调节自己的情绪**。我们在前文已经说过，通过“想法”去影响自己的情绪，比如告诉自己“不要慌！不能生气”，效果甚微，甚至适得其反。然而通过调整呼吸，我们反而能更有效地调节压力。实验发现[43]，研究人员只要给受测者进行一些简单的呼吸疗法训练，在接下来的“压力决策”测评中，受测者的压力指数就已经出现下降趋势。

在我主持的一项研究中[44]，辅导对象是从伊拉克、阿富汗战场归来的退伍美军，战争给他们都造成了一定程度的心理创伤。我用呼吸疗法介入他们的治疗，发现对他们的心理恢复起到明显作用。由于当时已对古儒吉大师呼吸疗法“可帮助缓解压力和心理创伤”[45]有所了解，我借助了其呼吸疗法的一些技巧。当时，这些退伍美军都有不同程度的急性焦虑症（acute anxiety）或PTSD。在对他们进行了为期一周的呼吸疗法治疗[46]后，他们的临床症状都得到了明显改善。他们渐渐能调试到放松状态。在持续了1年零1个月的呼吸疗法后，这种效果得到了长期巩固。

呼吸是能让我们随时调整状态、从压力中恢复的好方法。比如你在上班路上遇到了交通状况，这时用呼吸的方法，能够起到缓解紧张、焦虑情绪的作用。而我下面要讲的一个真实案例，可能当事人比我们大部分人遇到的“压力”都更极端——他在美军赴阿富汗战场的护卫队中。

杰克·多柏克（Jake Dobberke）是一名26岁的海军军官，家乡在艾奥瓦州。当时阿富汗战争正值白热化阶段，杰克和他的战友被安排在一辆防地雷反伏击车（Mine Resistant Armor Protected vehicle，简称MRAP）上，为大部队压阵。然而在行军途中，杰克所在的这辆战车压到了路边的爆炸装置，随着一声惊天巨响，战车发生爆炸。车身虽然设有防爆设备，但依然严重受损。在滚滚浓烟中，杰克发现自己的腿完了——从裤子的破洞中能看到血肉模糊的肌肉组织，骨头都露出来了。

就在这个生死一线的时刻，杰克想起了自己学过的呼吸训练。他在部队曾看过一本名为《在战斗》（*on Combat*）的书，作者是陆军中校戴夫·格罗斯曼（Dave Grossman），内容是专门写给现役美军的。**书中有一节内容就是“战术呼吸”（tactical breathing）——如何以4秒一次为节奏进行呼吸，达到平复肾上腺素和“战斗或逃跑反应”的效果**。于是，杰克抱着一线生机尝试“战术呼吸”，稍作平复之后，他和海军陆战队取得联系，让驾驶员发出求救信号，支撑住双腿，绑上止血带。当他尽了所有职责，确保其他人员安全之后，他静静倒下，等待救援。然后，他渐渐失去了意识。

“我一直在做战术呼吸，因为当时我想，如果自己不去有意识地呼吸，一定会休克。”杰克对我说，“后来，当我知道自己的失血量之后，我更是庆幸自己及时做了战术呼吸。如果我不保持平静的心情，及时绑住止血带的话，我会失血更多，一定当场去见上帝了。”在杰克从阿富汗战场回国1年后，我邀请他参加我的婚礼。他的小腿部分已经进行了截肢手术，安了假肢。虽然他也说之后的修复手术很痛苦，但当我看到他站起来，和朋友一起赴舞池跳舞时，我还是非常感动。

北阿拉巴马州立大学的教授，同时也是印第安纳大学伯明顿校区的杰出科学家史蒂芬·伯格斯（Stephen Porges）的研究证明，**减缓呼吸之所以有着立竿见影的效果，是因为这可以激活迷走神经（第10对脑神经）——它连接着心肺和消化系统，使得交感神经（战斗或逃跑反应）和肾上腺系统反应变缓[47]，从而迅速使我们平静下来**。在平静的状态下，我们可以更有效地处理各种情况。伯格斯解释说，通过膈肌运动进行的腹式呼吸尤其有益，因为它可以延长呼气。呼气可以使心跳放缓，我们呼气的时间越长，神经系统就越放松。这样的话，呼气可以激活我们的副交感神经系统（休息与消化反应），使我们的身体和心理得到更大的放松，有助于我们感到更平静。通过控制呼吸，你可以用一个小小的自发性机械行为来获得心理上的巨大变化[48]。

那么，这对我们意味着什么呢？意味着每当遇到压力山大的情形时，我们都可以利用呼吸来调整自己的状态。无论你是处于紧张的面试，还是尴尬的交流中，或是正在做一场重要的演讲，这都是一个你可以随时随地使用的妙方。

既想有战斗力，又想不费力？

虽然自发性改变呼吸可以帮你在某些特定场合冷静下来，但是正如那些日常的锻炼习惯一样，呼吸练习带来的长期效果更加明显。

初步的研究发现，**定期进行呼吸训练可以使俗称“压力激素”[49]的皮质醇水平保持正常**。定期进行呼吸训练可以重新调整我们的身体，使其进入一个更加平静的状态，帮助我们更快地从压力中恢复，甚至可以减少在遇到挑战时产生的紧张反应。与马拉松运动员在长跑前定期训练体能相似，你可以通过日常的呼吸训练来让神经系统做好准备，以使自己的心理在面临压力的时候（例如重大会议、面试或者第一次约会……）更有弹性，这样你就可以拿出最佳的状态并且在压力过后更快地恢复。

呼吸训练也可以自然地提升能量。我们平均仅仅使用了10%—30%的肺活量。换句话说，我们并没有完全发挥我们的能量。相反，运动员们则学会了使用高达100%的肺活量来增进他们的耐力和持久力。**虽然成年人神经系统的恢复能力随着年龄的增长而减弱，但是对专业运动员[50]和其他从事高强度有氧运动的人而言，这个减弱的过程要慢一些，因为他们通常呼吸得比较缓慢**。**这就是有氧运动可以极好地缓解压力的另一个原因**。

呼吸训练既可以减轻压力又可以增加能量，这听上去可能有些矛盾。在我们“用力过度”“压力过大”的文化下，人们很少把高能和平静联系在一起。这一误解也解释了为什么我们认为有压力才能搞定事情。

一位曾经参加过我的呼吸训练班的威斯康辛大学麦迪逊分校的

学生告诉我说，自从学习了呼吸技巧和冥想，他感到非常平静和满足，甚至担心过自己会不会“失去锋芒”（他在美国联邦法院工作，怕因为自己的放松而在那些性命攸关的案件上丧失警惕性）。

众所周知，压力是成功不可或缺的要素，因此我们自然会担心放松的心态和缺少紧张感会影响自己的表现。但是，冷静而非紧张的心态有助于我们更加理性和深思熟虑地应对任何情形。我们在压力下经常会做出草率冲动的决定、过激的反应，说一些后悔的话，做一些后悔的事。此外，我们的交感神经系统（战斗或逃跑反应）也会持续地运行，而我们会很快耗尽自己的能量。

然而**一旦加强了心理恢复力，你仍然能够有效地应对生活中的种种挑战，用适度的“好压力”来激发所需要的最佳状态，与此同时并不消耗能量成本**。

最后，呼吸训练可以让你的交感神经在不需要兴奋的时候得以休息。这有助于你在下班回家之后更快地放松下来，也更容易睡个好觉。你在休息的时候得到彻底的放松，天然的心理弹性也能够得到恢复，使你可以镇定地面对生活中的挑战。这样，你就可以在没有焦虑和肾上腺素负载的心理、生理双负担的情况下，以最佳的能量状态工作。

换句话说，通过呼吸达到平静且精力充沛的状态不仅是可能的，而且是理想的。**当你在为社交、创新或者专业方面而努力的时候，高度警惕且高度镇静的状态可以帮助你更清晰地思考、工作和交流**。你可以高强度地做事情，并且在一天结束回到家的时候自然地放松。在不受外界兴奋剂或镇定剂影响的情况下，身体能够重获快速恢复的能力，在每天各种鸡毛蒜皮的事情的压力下恢复常态。

天天喘气，但你真的会呼吸吗？

如果你的生活节奏很快，想要慢下来就会很有挑战。我们习惯于东奔西跑，着迷于追求生活的“速度”，这使我们感觉把生活放慢一些是如此陌生。但是，你可以学着激发自身天然的心理弹性，有意识地腾出时间做一些舒缓心情的活动——这对你的神经系统和身心健康都大有裨益。把这些活动列入首要事项，就跟洗澡、刷牙一样重要。我们通常很重视那些让我们外在看上去很棒的习惯（例如梳洗、化妆、洗澡等），却忘了给那些可以让我们内在变得良好的习惯同等的重视。

当你慢下来的时候，你可能会感觉到焦虑。因为你的身心总是在高速的节奏下运作。这很正常，跟着感觉走就好。杰克·多柏克在战后回到美国的几年后，听说了我的研究，于是参加了一个为老兵准备的呼吸训练班。呼吸使他飞奔的思绪慢下来，但他发现随着自己的放松，那些关于他不幸事故的痛苦回忆又浮现出来。然而，通过坚持呼吸训练，他可以把过去的精神创伤和焦虑抛诸脑后。“这真是终身难忘的一个过程，帮助我继续向前看。”他说。重组你的神经系统非一日之功，尤其是当你已经高速生活了好一阵子时。但好消息是，重组你的生理和神经系统是可能的。下面我就介绍几个可以尝试的方法。

深呼吸

刚开始做呼吸训练的时候，你可能会觉得傻里傻气的，甚至觉得无聊透顶。但是你会立刻感受到呼吸带来的效果。现在给你一些起步的方法。

你的呼吸无时无刻不在，这是最简便、最无形的工具。无论你人在哪儿，都可以在无人知晓的情况下默默地练习呼吸。哪怕是董事会议开到白热化，孩子在车后座乱发脾气，已经精疲力竭但还要工作好几个小时的时候，你都可以喘口气，练习练习呼吸，缓解缓解心情。

想要跟你的呼吸“搞好关系”，最基本的办法就是每天花个几分钟，闭上眼睛，把注意力都集中在呼吸上。感受一下它是急是缓，是深是浅。

没过多久你就会发现，通过这种训练，你能开始感受到你的呼吸频率随着一天感受和情绪的变化而变化。举个例子，在做具有挑战性的工作时，你会自然而然地做深呼吸；在焦虑和愤怒时，你会发现自己的呼吸变得急促。随着你对呼吸越来越有意识，你开始能更好地掌握呼吸的节奏和自己当时的情绪。凭借这种意识，你会意识到恐惧来临时，你的呼吸会越来越快，越来越浅。到那时候，你可以有意识地减缓呼吸，并开始用腹式呼吸来自我放松。只要多加练习，不管什么时候遇到了困境，你都能用深而缓的腹式呼吸来缓解紧张。

下面是你可以在日常生活中或者面临困境时练习的一个简单技巧。

交替鼻孔呼吸

这个基于瑜伽的舒缓呼吸练习，有助于你的心情和情绪平静下来。你可能注意到，在任何时候，你总有一个鼻孔是主导呼吸的（也就是说，空气会从一个鼻孔完全顺畅地吸入呼出，却只有一部分通过另外一个鼻孔）。这个起主导作用的鼻孔在一天内不断更替。交替鼻孔呼吸可以达到宁心静气的功效。以下的练习可以使两个鼻孔都开启，让身体获得更多的空气流动。要想练习，请遵从以下几个步骤。

1. 把右手食指和中指放在眉毛之间，大拇指按住右鼻孔，无名指和小指按住左鼻孔。左手手心朝上，放在腿上放松。

2. 深吸一口气，然后用大拇指按住右鼻孔，让气息从左鼻孔呼出。

3. 然后从左鼻孔再深吸一口气，吸气完毕后，再用无名指和小指按住左鼻孔，从右鼻孔呼出。

4. 用右鼻孔深吸一口气，然后用大拇指堵上右鼻孔，让气息从左侧呼出。之后从头开始。

闭着眼睛这样做上5分钟，感受它给你的身体和心理带来的效果。瑜伽式呼吸训练对健康的人几乎没有任何风险（极少数的练习者会在初次练习时感到困倦、短暂的刺痛感、轻微头痛、狂喜或烦躁不安，这属于正常现象，建议读者在专业训练师指导下进行练习）。

放松你的身体

虽然我强烈推荐把呼吸练习当成日常作息的一部分，但是平衡神经系统也存在其他的方式。你或许有自己偏爱的活动来恢复元气、平复心境，比如游泳、瑜伽、出门遛狗，或者，抱抱你的孩子。这些活动让你的思绪放缓，给身体和神经系统带来平静。下面是一些例子。

• **去散步。**研究表明，去大自然里散散步（相对于都市环境）可以在极大程度上减轻焦虑感，维持积极的心情，甚至可以增强记忆力[51]。并不是只有乡村居民可以享受在大自然中散步的益处——如果你住在城市里，就选一个公园或者一条有树的街道。即使是盯着绿色植物的图片看40秒，都可以让你的注意力水平有所提升[52]。

此外，自然可以激发我们看到美景时的敬畏之感。这些“敬畏之感”通常来源于壮丽的自然景观，如星光璀璨的夜空或广袤无际的旷野。相关研究表明[53]，“敬畏之感”会放慢我们对时间的观念（跟压力的作用恰恰相反），通过把我们带入当下的时刻，来促进身心健康并减少压力。

• **照顾好你的身体。**现在让我们心烦意乱的生活方式，使我们常常忽视身体的需要。正如这一章所讨论的，我们试图通过那些危害健康的习惯来减轻精神的压力。我们吃不健康的食物、嗜酒、熬夜、忽略了锻炼身体或是过度锻炼；我们忘记了生理健康也影响着精神和情绪健康；我们没有意识到，我们对待自己身体的方式不仅会影响我们的压力水平，还会影响我们激活天然的心理恢复能力。

任何一个选择健康饮食或信奉养生之道的人都知道，我们一旦开始照顾自己的身体，精神就会自然而然地好起来。这种积极的心态，会让我们的生活观都发生变化。

• **参加慢节奏的活动。**你可以通过跑步来缓解压力，尽管这很健康，但也可以尝试一些慢节奏的练习。做做那些不太需要高强度体力要求的活动。如果习惯了高强度的热瑜伽（hot yoga）或力量瑜伽（power yoga），不妨换着做做阴瑜伽（yin yoga）、康复性瑜伽或者太极。选一个刻意放慢，又不怎么太费力气的运动。

• **跟爱人拥抱。**超负荷地工作成了我们都市人的生活常态，现实所迫，很多人连陪陪家人和朋友的时间都被工作压榨了，只能在上班路上、开车时、候机时……用这些牙缝里挤出来的时间匆匆打一个问候电话，说不了两句又匆匆挂掉。但其实，挤出点时间陪陪所爱的人，并跟他们进行一些表达爱意的身体接触是完全值得的。一项研究甚至表明，拥抱可以对减缓焦虑、压力等带来的健康问题起到积极作用[54]。

无论你是选择参加呼吸训练课，还是更习惯于其他安抚心情的活动，这些活动都需要坚持。就像去健身房一样，“不积跬步，无以至千里”。

尽管没人指望安东尼奥·奥尔塔-奥索里奥在10周的病假之后回来上班，但是他做到了，而且是奇迹般地“王者归来”——力挽狂澜，使劳埃德银行扭亏为盈，恢复了2008年以来首次股东分红[55]。安东尼奥的例子告诉我们，尽管慢性压力会耗尽我们的精力，但我们仍然可以恢复心态。

运动员们在每次训练和比赛时都给身体造成巨大的压力，但只有快速恢复生理机能的强者，才能获得成功。你的日常压力可能跟运动员不同，但道理相同——**你的成功不是由你的进攻速度决定的，而是由你的恢复速度决定的**。

上述“休息和消化”机能的呼吸训练和其他平静练习，可以有效激发我们的神经系统，带动身体潜在的心理自然恢复力，让压力快一点离开，让成就早一点到来。

本章注释

[1]又名“释一行”（Thích Nhất Hạnh），越南人，是现代著名的佛教禅宗僧侣、诗人、学者及和平主义者。

[2]出自《每日邮报》2011年11月由迈克尔·西马克所著的《劳埃德老板因“压力”患病：入职8个月突然离职》。

[3]出自美国心理协会和美国压力研究院的“定义”。

[4]出自《卫报》2011年12月15日由吉尔·特雷纳所著的《劳埃德老总5天没睡觉》。

[5]出自《个性和社会心理学》期刊2006年第90卷由J. L. 蔡等人所著的《情绪评估中的文化差异》和2007年第92卷由J. L. 蔡等人所著的《影响和调整目标：理想情绪的文化差异来源》。

[6]出自《学习和记忆》期刊2007年第5期由罗曼·邓科等人所著的《急性暴露在压力下改善痕迹性眨眼条件反射和健康男性在空间学习任务中的表现》。

[7]出自《脑部活动和免疫》2010年第1期由弗道斯·达巴所著的《短期压力提高细胞免疫力和对鳞状细胞癌的早期抵抗》，《皮肤医学诊疗》2013年第1期由F. S. 达巴所著的《心理压力和免疫保护对比皮肤的免疫保护学》，《免疫学》期刊1995年第154卷由F. S. 达巴等人所著的《压力对免疫细胞分布的影响——动态和荷尔蒙机制》，《免疫学》期刊1996年第156卷由F. S. 达巴和B. S. 麦克艾文所著的《压力提高抗原细胞免疫力》。

[8]出自《神经免疫调节》2009年第16卷由F. S. 达巴所著的《压力对免疫功能的增进与抑制对比：免疫保护和免疫学应用》，《免疫学研究》2014年第58卷由F. S. 达巴所著的《压力对免疫功能的影响：好的、坏的和美的》。

[9]出自《脑部活动和免疫》1997年第11卷由F. S. 达巴和B. S. 麦克艾文所著的《急性应激增进免疫功能，而慢性压力抑制免疫功能》。

[10]出自《骨骼和关节手术》期刊2009年第91卷由P. H. 罗森博格等人所著的《手术压力导致免疫细胞重新分布可预测短期和长期的术后恢复》。

[11]出自《精神神经内分泌学》期刊2012年第37卷由F. S. 达巴等人所著的《压力导致免疫细胞重新分布——从障碍到通途、到战场：三种荷尔蒙的故事》。

[12]出自《自然》期刊1998年第393卷由D. 考夫尔等人所著的《急性压力辅助类胆碱基因表达的长期变化》，《学习和记忆》期刊2007年第5期由罗曼·邓科等人所著的《急性暴露在压力下改善痕迹性眨眼条件反射和健康男性在空间学习任务中的表现》。

[13]出自《对比神经病学和心理学》期刊1908年第18卷由R. M. 叶克斯和J. D. 多德森所著的《刺激物强度和习惯形成的速度之间的关系》。1908年，叶克斯和多德森通过研究提出了一条关于动机的定律，即在一般情况下，学习难度是中等的时候，学习动机与学习效果之间呈倒U形的关系。也就是说，学习动机微弱或过于强烈都不利于学习，只有当学习动机的强度适中时，才会取得最理想的学习效果。可是当学习难度变化时，两者的关系也会发生变化：学习难度很小时，学习动机十分强烈才能取得好的学习结果；学习难度很大时，适当降低学习动机的强度才能促进学习。

[14]出自《心理学科学》期刊2012年第23卷由B. 冯·达万斯等人所著的《压力反应的社会层面：急性压力促进人们的亲社会行为》。

[15]出自《临床心理学年度回顾》2005年第1卷由尼尔·施耐德曼等人所著的《压力与健康：心理上、行为上和生理上的决定因素》。

[16]出自《身心医学》期刊2004年第66卷由G. E. 米勒等人所著的《心理压力和对流感疫苗接种的反生理反应：压力的临界期何时出现，它是如何进入我们身体的》。

[17]出自《美国国际科学院学报》期刊2012年第109卷由谢尔顿·科恩等人所著的《慢性压力、糖皮质激素受体抑制、发炎和疾病风险》。

[18]出自《美国国际科学院学报》期刊2004年第49期由E. S. 艾佩尔等人所著的《染色体端粒在压力下加速变短》。

[19]出自《生命科学》期刊1996年第17期由C. 克什鲍姆等人所著的《压力和治疗导致的皮质醇水平升高与健康成人受损的陈述性记忆相关》，《行为神经科学》期刊1996年第4期由大卫·M. 戴蒙德等人所著的《心理压力损害空间工作记忆：与海马体功能的电生理学研究的关系》，《压力》期刊2006年第3期由N. Y. 鲍伊等人所著的《心理压力大损害工作记忆：与皮质醇水平和记忆提取的关系》。

[20]出自由J. 香蒂和G. A. 蒂诺所著的《环境压力因素影响创造力和决策力》，《应用心理学》期刊2010年第95卷由K. 拜恩等人所著的《压力因素和创造力之间的关系：对考核类似理论模型的综合分析》。

[21]音译为费洛蒙，也称作外激素，指的是由一个个体分泌到体外，被同物种的其他个体通过嗅觉器官（如副嗅球、犁鼻器）察觉，使后者表现出某种行为、情绪、心理或生理机制改变的物质，具有通讯功能。已证明几乎所有的动物都有信息素的存在。

[22]出自《PLoS One》期刊2009年第7期由L. 穆希卡-帕罗蒂等人所著的《同种情绪压力激活人体杏仁核的化学感应信号》。

[23]美国俚语“burn the candle at both end”,一支蜡烛两头烧，可想而知

很快就会烧尽。引申义为过度消耗精力（体力）或财产。

[24]心理学、生理学名词，为1929年美国心理学家沃尔特·坎农(Walter Cannon，1871—1945)所提出，其发现机体经一系列的神经和腺体反应将被引发应激，使躯体做好防御、挣扎或者逃跑的准备。

[25]精神病症状学术语。病人单调地重复某一概念，对于某些不同的问题，总是用第一次回答的话来回答。

[26]出自《大众心理学评论》期刊2001年第4期由罗伊·F. 鲍迈斯特等人所著的《坏事比好事严重》和2005年第2期由S. 盖博和J. 海德特所著的《什么（为什么）是积极心理学》。

[27]出自作者2014年1月29日对保罗·吉尔伯特的采访记录。

[28]出自《人类行为学中的计算机》期刊2015年第43卷由K. 库什科夫和E. W. 邓恩所著的《减少查电子邮件的频率可以减轻压力》。

[29]出自由格洛丽亚·J. 马克和史蒂夫·维欧达所著的《不被电子控制的节奏：无电子邮件工作的实证研究》。

[30]出自瑞迪卡迪集团2011年5月由莎拉·拉迪卡蒂编纂的《电子邮箱数据报告：2011—2015》和瑞迪卡迪集团2014年4月由莎拉·拉迪卡蒂编纂的《电子邮箱数据报告：2014—2015》。

[31]出自鲍迈斯特等人所著的《坏事比好事更严重》，盖博和海德特所著的《什么（为什么）是积极心理学》。

[32]出自鲍迈斯特等人所著的《坏事比好事更严重》，盖博和海德特所著的《什么（为什么）是积极心理学》。

[33]又叫注意力缺失症，简称ADD，患者难以集中注意力去完成一件事。

[34]出自《心理学评论》期刊1994年第101卷由D. M. 韦格纳所著的《心智

控制中的讽刺进程》。

[35]出自《心理生理学》期刊2002年第3期由J. J. 格罗斯所著的《情绪控制：情感性、认知性和社会性后果》。

[36]出自《情绪》期刊2003年第1期由E. A. 巴特勒等人所著的《表露性抑制的社会后果》。

[37]出自Thync：http://www.thync.com/。

[38]古儒吉（Sri Sri Ravi Shankar），印度人道主义者，禅修大师。代表作《瑜伽经》(*Yoga Sutra*)等。

[39]生活的艺术基金会（Art of Living Foundation），由古儒吉大师成立于1981年，是世界上最大的教育与人道主义组织之一，义工遍布全球152个国家和地区。该组织以强而有力的呼吸技术为主轴，称为“净化呼吸法（Sudarshan Kriya）”，配合呼吸调息技术、静心方法、瑜伽体式法，以及处理情绪的技巧，并在全球推广人道主义救助方案，使数以千万计的人受益。

[40]出自《赫芬顿邮报》由古儒吉大师所著的《健康生活的5步》。

[41]出自《认知和情绪》期刊2002年第5期由P. 菲利波和S. 布莱尔芮所著的《情绪一代的呼吸反馈》。

[42]出自菲利波和布莱尔芮所著的《情绪一代的呼吸反馈》。

[43]出自《市场研究》期刊2015年第3期由乔丹·艾特金等人所著的《对时间有压力？目标冲突构成时间是如何被定义、消耗和重视的》。

[44]出自《创伤压力》期刊2014年第4期由E. M. 塞帕拉等人所著的《以呼吸为主的冥想减轻美国老兵创伤后应激障碍》。

[45]出自哈佛健康出版社2009年4月1日出版的《消除焦虑症和抑郁症的瑜

伽练习》。

[46]该课程由“欢迎老兵回家项目”提供。“欢迎老兵回家项目”是国际人性价值协会的项目之一。生活的艺术基金会也提供了类似的课程。

[47]出自作者2014年1月29日对史蒂芬·伯格斯的采访记录。

[48]出自《个性和社会心理学》期刊2014年第6期由A. 科根等人所著的《迷走神经活动与亲社会性、亲社会情绪和亲社会性受众的二次函数关系》，菲利波和布莱尔芮所著的《情绪一代的呼吸反馈》。

[49]出自《美国实验生物学联邦协会会刊》2012年由E. A. 魏尔万等人所著的《一个简单、短暂的瑜伽呼吸练习可以减少动脉儿茶酚胺和皮质醇产生》，《国家精神健康和神经科学机构院刊》1998年第17卷由N. 亚纳克里安米亚等人所著的《SKY瑜伽对轻抑郁的治疗功效》，《情感障碍》期刊2006年第94卷由A. 维达莫萨恰等人所著的《SKY瑜伽对酒精依赖人群的反抑制效果和荷尔蒙影响》。

[50]出自《体育医药》期刊2013年第9期由D. J. 普斯等人所著的《顶级运动员的训练习惯和心率变化：开启有效控制》。

[51]出自《景观和市政计划》期刊2014年第138卷由G. N. 布拉特曼等人所著的《自然体验的益处：增进感染力和认知力》。

[52]出自《环境心理学》期刊2015年第42期由凯特·E. 李等人所著的《观看40秒绿色屋顶视图可以保持注意力：短暂休息对注意力恢复的作用》。

[53]出自《心理科学》期刊2012年第10期由梅勒妮·路德等人所著的《敬畏心拓展人们对时间的认知，改变所做决定以及增进身心健康》。

[54]出自《心理科学》期刊2015年第2期由S. 科恩等人所著的《拥抱能提供压力缓冲支持吗？一项对上呼吸道感染和疾病的敏感性的研究》。

[55]出自《苏格兰人报》2014年5月11日由杰夫·多米尼克所著的《为劳埃德力挽狂澜的神奇小子安东尼奥·奥尔塔-奥索里奥》。

Part 3

被小看的平静

能量，而非时间，是高绩效的本钱。

——吉姆・罗尔和托尼・施瓦茨

《全面投入的力量》[1]

你是否患上了职业性倦怠症?

时而柔缓，时而迅猛，两位对手的肢体互相扭缠在一起。屋子里唯一的声音就是他们抱成一团在垫子上翻滚时身体发出的撞击声。怪不得连练习课都被称为“翻腾”。柔术是一种源于柔道的巴西武术，它的大多数动作都是在地板上完成的。柔术自“终极拳王锦标赛”时期流行开来。这是一项混合武术比赛，赛事发展初期，选手们要在一天里同任何重量级的对手进行多次较量，可以随意使用任何武术招式，并且没有太多的规则。

罗伊斯·格雷西（Royce Gracie）[2]是巴西柔术的传奇人物，他于1993年第一次将这种武术形式引入了锦标赛，在连续赢得了各项比赛并击败了比自己体型大得多、体格强壮得多的对手之后，他被誉为综合格斗史上最有影响力的拳手之一。体重大在武术比赛中通常是一个优势。然而，格雷西证明了只要你有技巧，体重并不一定重要。

麦克·海特曼（Mike Heitmann）[3]是一名夜班执勤的警官，他工作的地点是南加利福尼亚州最危险的地带之一。麦克也是一名柔术黑带高手，他向我解释了柔术违背常理的观点。我是在给老兵们上呼吸和冥想课的时候认识麦克的（麦克也是美国海军陆战队的战斗老兵，曾作为步兵参加过伊拉克战争中最惨烈的战斗之一——费卢杰之战）。他在课上体验到的深度放松，促使他分享了在柔术方面的成功秘诀：能量管理。

在格斗中，“过度紧绷、拼尽全力”是下策，只会消耗你自己：其一，你容易失去冷静并犯下错误；其二，一旦你耗尽了体力，对手便会击败你。因此，保持冷静才是上策——这让你有机会保存能量，然后凭直觉判断下一击。所以，**要想赢得一场柔术比赛，关键不是用力很猛，而是要自我放松，不要急躁，学会释放紧张和压力**。**这可能有点讽刺，但胜利往往在你停止挣扎的时候到来**。

在我们的文化里，就像传统格斗选手拼尽全力用蛮力击打对手一样，我们往往相信只有通过压力才能取得成功——我们必须投入一天中的每一分钟，发挥我们可以运用的一切力量，并依赖我们钢铁般的意志来完成工作、击败恐惧。但是，就像传统格斗选手一样，我们常常变得精疲力竭。

我们为满足工作和生活的强度所需，付出了巨大的代价——倦怠（Burnout）[4]。**心理学家们把职业性倦怠定义为感到压力大和精神疲劳**。你甚至可能会经历人格解体（Depersonalization，脱离你自己）。结果就是，你不再是你自己，而且你无法以正常的水准完成工作[5]。在各个职业领域，我们都达到了高度的倦怠：

• 公共事业从业人员，如老师、医护人员和社会福利工作者，尤其容易患有倦怠症[6]。例如，在美国，45%的内科医生被认为患有倦怠症[7]。

• 金融行业从业人员也达到高度倦怠：世界上50%—80%的银行家是完全倦怠的。仅仅是在美国，就有60%的男性和70%的女性银行家患有倦怠症[8]。

• 在非营利行业，45%的年轻雇员坚称他们的下一份工作绝不会在非营利行业，并把倦怠作为他们不愿留下的两个原因之一[9]。

或许你也觉察到了自己身上的一些信号：你在一天结束时会感到精疲力竭，你的肩部肌肉紧张、下巴紧绷、牙关紧咬。也许你经历过由梅约诊所[10]提出的一些倦怠的症状[11]：

• 工作上变得愤世嫉俗或爱挑剔
• 不情愿地逼自己去上班，到了单位又很难激励自己工作
• 对同事和客户变得易怒或者没有耐心
• 缺乏高效工作的能量
• 缺乏完成工作的成就感
• 对工作不再抱有幻想

工作强度不是我们在工作上经历倦怠的唯一原因，其他因素也起着一定作用，例如缺乏挑战和变化，或缺少能动性[12]。然而，即便这些因素不总在你的控制之中，你至少可以掌控如何支配你的能量。正如麦克所解释的，如果你投入全部能量来格斗，你就会耗尽体力并以失败告终。**最后的赢家是那些在压力下能保持冷静并保存体力的人，并且能够在最需要的时候有意识地释放能量**。原来保持冷静才是更好地管理能量的关键。培养冷静的情绪可以让你保持一个好心情，

并帮你不断达成目标，在不耗尽全力的情况下做到最好。

首先让我们看看是什么在偷偷“吃掉”我们的能量。

你为什么总觉得那么累？

为什么我们总是在工作了一天之后感到精疲力竭？为什么当我们回到家时会感到累垮了，用仅剩的一点点力气给自己做了晚饭就瘫倒在床上？通常我们一想到“疲惫”，就会联想到一些生理上的原因：睡眠不足、运动过量，或是进行了一整天的体力劳动。俄勒冈大学的心理学教授艾略特·伯克曼（Elliot Berkman）[13]指出，**在当今时代，只有为数不多的人在干着高强度的体力劳动，我们的“累”更多是由于心理方面的因素**。毕竟，如果只是“劳力不劳心”，我们在日常工作中消耗的那点体力，不足以导致我们回家后的巨大的疲惫感。

“直到你真的无法再做任何事的时候，身体才会感到疲惫吗？”伯克曼问道。“其实，要达到完全体力透支需要很长时间。如果你是个建筑工人、在田里劳作的农民或早晚班都工作的急诊科医生，那么体力透支的确可能是你疲惫的原因。”伯克曼指出，“但在其他情况下，你的疲惫大多是心理层面的。”

我不是说疲惫“就在你脑子里”（尽管在一定程度上是这样的，这点我稍后会做解释）。我的意思是，**你的疲惫感来源于以下三个心理因素：高能的情绪、自我控制和高强度的消极思维**。

高能的情绪——你的兴奋度，偷偷“吃掉”了你的能量

心理学家把情绪按两个维度进行区分：一个维度是积极和消极，另一个维度是高能和低能。换句话说，一个情绪是积极的（如兴奋、安详）还是消极的（如气愤、伤心），是高能的（如兴奋、气愤）还是低能的（如安详、伤心）。

研究显示，**西方人（尤其是美国人）推崇高能的积极情绪（比如兴奋和狂喜）**。斯坦福大学的珍妮·蔡（我跟她一起做过一些研究）的调查表明，当你询问美国人他们理想的情绪是什么时，他们可能更多地提到一些高能的积极情绪，而不是一些低能的积极情绪（比如放松或满足[14]）。换言之，美国人把幸福等同于高能。然而，**东亚文化则更看重低能的积极情绪（比如安详和宁静）**。

当珍妮和我在调查研究为什么美国人更喜欢高能的积极情绪时，我们发现美国人相信他们需要高能情绪来取得成功，尤其是去领导或影响他人。例如，在我们的一个研究中，当人们处在一个需要领导或影响他人的角色中时，他们想要感受到高能的积极情绪（如激动）[15]。**这种高能也体现在我们用来描述成就的语言中：我们“火力全开”“打了鸡血”或者“打了强心针”，所以我们可以“碾压”别人，“搞定”项目，或者“赶”一个报告**。这些表达都意味着我们需要处于某种强烈的进攻模式——“拿下它！”“一击必中！”“破釜沉舟！”

然而问题是，**高能情绪会增加生理负担**。即便是在愉快的氛围中，激动的情绪也会伴随心理学家所称的“生理兴奋（Physiological arousal）”，它会激活我们的交感神经系统（sympathetic system），引发战斗或逃跑反应。高能积极情绪会产生跟高能消极情绪（如焦虑或气愤）一样的生理兴奋：我们的心跳加速、汗腺被

激活、容易受到惊吓[16]。由于这会触发我们身体的应激反应（stress response），因此持续很长时间的兴奋将会损耗我们的生理系统。也就是说，**不管是消极状态（如焦虑）还是积极状态（如激动）都会对身体造成损耗**。

高能情绪同时也会造成精神方面的损耗。**当我们处于生理兴奋状态、受到过度刺激的时候，是很难集中注意力的**。我们从大脑成像研究中得知，当我们感受到强烈的情绪时，大脑的杏仁核区域会被激活。我们需要花费精力并动用位于大脑另外一个区域——脑前额皮质——的情绪调节策略，来使自己冷静下来完成工作[17]。同时，这种情绪调节机制本身就需要耗费精力，我稍后会再做解释。

那么，结果是什么呢？你很容易就累了。**不管你是因为焦虑还是兴奋而被“打了满满的鸡血”，你都会慢慢耗光你最重要的资源：能量**。

当然，兴奋是一种积极的情绪，而且比处在压力下的感觉要好太多了。但是，正如食糖后的兴奋，可能你在一段时间内会感觉良好，身体被带入一个生理高点的最佳状态，之后却跌入谷底。相比在保持冷静的状态下，你注定会更快地感到疲倦。

自我控制——你的意志力，偷偷“吃掉”了你的能量

“自我控制”是让人体在面临干扰的情况下，依旧专注自己目标的自律机制。它也是我们误用能量的第二种方式，使我们产生不必要的疲惫。**无论你称它为意志力、勇气还是自制力，它都是一种不顾自身感受、外界诱惑、艰难险阻，把工作完成的精神力和决心**。这对于成功至关重要。

奥斯卡·王尔德（Oscar Wilde）说过：“除了诱惑，我什么都

可以抵御。”[18]我们很多人也对此深有同感。在一个有50多个国家参与的调查中，很多人都把“自控力”列为自己最缺乏的能力，这个结果不足为奇[19]。

我们在工作的时候最有自制力。想想当领导、同事对你的工作指指点点的时候，你是多么想为自己辩护一下；当你起早贪黑忙着赶工交稿的时候，你是多么想一头栽进被窝呼呼大睡；当你疲于回复工作电话的时候，你是多么想抽个空刷一下手机的私人消息。

我们尤其难以抵制数字干扰[20]。你可能听说过巴甫洛夫的经典心理学实验：他发现当狗习惯了听到铃声就会有吃的时，它一旦听到铃声就会开始流口水。这种反应叫作**“经典条件反射”（classical conditioning）**。**这就是我们在看到收件箱收到新邮件或者听到手机短信铃声时所产生的反应，我们迫不及待地要赶快查看**。研究显示，**我们会自然而然地倾向于把注意力转移到新鲜、新奇的事物上[21]。查看未读短信，自然要比完成已知的工作任务能给人带来更多的兴奋感**。

作为一介凡夫，我们在工作时都不免有“掏出手机玩一会儿，逛个网店剁个手”的冲动，有时我们能克制住自己，但有时就败给了脆弱的意志力。**以下这些自控行为，其实在严重地消耗着我们的能量**。

- **控制你的冲动。**坚持工作，不放弃，不向干扰（如查看朋友圈）与诱惑（如翘班约会）妥协。
- **控制你的表现。**即便一周严重失眠、工作80个小时，仍然坚持做到最好。
- **控制你的行为（尤其是情绪表达）。**即便工作环境充满了尔虞我诈、领导的决策让你心里骂10000句“呸”，脸上也装出“给领导点100个赞”的神情。

• **控制你的想法。**即便脑子在周游世界，身体也要在办公桌前。这些想法包括“好累，什么时候下班”“等拿到年终奖，老子就辞职不干了”“他都一上午没回我手机消息了，是不是不理我了、不爱我了，是不是外边有别人了”，或是幻想着“我下个月休年假老板会批吗”……

鉴于有这么多行为、想法和感受需要控制，你怎么可能每天回到家的时候不感到精疲力竭呢？佛罗里达州立大学的教授罗伊·鲍迈斯特（Roy Baumeister）在自我控制领域是全球知名的专家，他多次证明，**自控会消耗很多能量**。他把自我控制[22]比作肌肉，可以锻炼得强健有力，但也会随着时间推移而产生损耗[23]。经过一段时间之后，它就会变得疲惫孱弱。

讽刺的是，**当你过度自控的时候，它可能会产生适得其反的效果——完全失控！**如果你曾有过减肥计划，或是观察过“别人的新年愿望”（resolution on New Year’s Day）[24]是想减肥，你就知道要坚持完成这些目标是多么困难。通常我们的努力都以失败告终，甚至成了变本加厉的自我放纵：从“二月不减肥，三月徒伤悲”的自我努力，变成“破罐子破摔，胖罐子胖摔”的自暴自弃。

通过一系列的研究，鲍迈斯特观察了多种不同的情形，最终发现：**如果参与者在实验的第一场练习中表现出极强的自控力，那么在接下来的练习中就更容易变得冲动和缺乏自控**。这些现象都是“自控乏力”的症状，鲍迈斯特称其为“自我损耗（ego depletion）”。通过这些研究，鲍迈斯特指出：**自控力是一种有限的资源**。例如，在他的一个研究实验中[25]，研究人员请来厨艺高手，烤了很多香喷喷的巧克力饼干，让整个实验室都弥漫着令人垂涎欲滴的香味。之后，研究人员把实验对象分为A、B、C三组。其中C组是对照组；A、B两组一起进入实验室，A组人员可以随意吃巧克力饼干，想吃多少管够，不过瘾还可以再另加巧克力酱；B组人员被要求对巧克力饼干“只许看不许吃”，只能吃饼干旁边的萝卜。然后，A、B、C三组被要求完成一个练习，要解决一个他们一无所知、无从下手的难题。研究者发现，面对这个难题，必须压抑自己吃萝卜而不吃饼干和巧克力酱的B组人员，会比那些吃了饼干和巧克力酱的人更快地放弃解题，甚至比那些既没有吃饼干和巧克力酱也没有吃萝卜的C组人员放弃得还要快。

在另一个实验中[26]，研究人员把实验对象分为A、B两组。A组的实验对象被要求论证一些与他们的观念相违背的观点（比如学费应该上涨），而B组的人则不需要做这样的论证。然后，A、B两组人员也都被要求去解决一个难以解决的难题。实验再次证明，被要求论证与自己观念相左的观点的A组人员，会更快地放弃解题。

这两个实验告诉我们，无论是在味觉刺激的诱惑下（如吃巧克力饼干和巧克力酱），还是在违背自己信念的时候，你越是自我控制，自制力就越容易被削弱。自从鲍迈斯特首次发现了这一现象，先后有超过两百多个实验研究[27]都证实了他的发现，进一步证明自控会随着时间的推移使人感到乏力。

你是否也曾感觉：自制力在早晨的时候特别强，随着时间推移会慢慢减弱，到了晚上甚至会完全消失？同样，这也是“自控乏力”的现象。此外，有研究显示，人如果在白天过度自控（比如在职场控制情绪），到了晚上就很可能会对饮酒等缺乏控制[28]。还有研究表明，面对一整天的压力，回家后你可能更容易把节食计划抛在脑后[29]。一大清早，你或许还有毅力爬起来去健身房晨练，但是经过了一天漫长的自我压抑——上午在同事面前“皮笑肉不笑”已经用尽了表情；午饭时忍住口水说“只吃沙拉，我不饿”已经用尽了毅力；下午回复工作邮件斟字酌句说“请示领导妥否”已经用尽了心思——你很难要求自己晚上还坚持健身计划！最有可能的结果就是瘫在床上，吃着膨化食品追剧看片。

有一个研究甚至表明，随着一天中的时间推移，不仅自制力在下滑，道德指数也随之下降。早晨是我们一天中自控能力最强的时候，也是道德指数最高的时候；晚上则反之。[30]研究发现，**这种“晨间道德效应（morning morality effect）”一定程度上跟自控力在下午下降有关**。一个类似的研究[31]也发现，**人们在不得不抵制诱惑之后，更有可能做出一些不道德的事情**。很多著名的案例，都是那些从事高强度工作的人员在重大问题上无法自控导致的，也许“自控乏力”可以解释其中原因。媒体往往会重点报道政要人士和高级CEO身陷婚姻出轨或是金融丑闻的故事。殊不知他们的工作要求相当高，没有超常的自控力很难胜任：他们的为人处事必须保证完美无瑕，他们的言谈举止必须经过深思熟虑，他们的工作投入必须保持高度专注。面对如此高压繁杂、对其自制力的要求又是如此之高的工作，他们最终会屈服于自控乏力，从而做出错误的决定。

已故哈佛大学心理学家丹尼尔·韦格纳的研究[32]提出了“讽刺进程”（ironic processes）理论，补充解释了为什么我们越是自控就越可能失控。根据该理论，当你想要抑制一个想法时（比如经典的“白熊实验[33]”），你会在脑子里确认这个想法是否被成功抑制，恰恰是这种思维抑制会让你的脑海里不断重复着这个不该有的想法！

研究者还发现，自控力失效与生理因素有关。鲍迈斯特证实，**人在运用自控力时，血糖水平会显著下降[34]**。**我们知道大脑几乎所有**

活动都依赖于葡萄糖，而自我控制对体能的消耗更甚。反过来，**血糖浓度过低则会导致自制力低下，从而解释了为什么我们的自制力会起伏不定**。研究者把这种自制力的缺失和喝酒之后的效果做了对比。**酒精通过降低血糖削弱了我们的自制力**[35]。低血糖导致身体疲劳，解释了为什么我们每天尽管没有干什么特别繁重的体力劳动，但下班回家后还是会感到精疲力竭。

毋庸置疑，自控和自律是对人有益的。只是，我们越是给自己施加压力、过度地消耗自己的精神和体力，我们就越不可能达成目标。在任何一种压力或负担下（包括我们给自己的压力，这本身就是一种负担），我们都会屈服于我们恰恰想要避免的事情。

高强度的消极思维——灾难化思维，偷偷"吃掉"了你的能量

高强度的思维是第三个消耗我们能量的因素。我们的思维有能力将我们拖垮。我不仅仅是指那些你在专注于一个复杂工作时所投入的高强度思考过程，比如分析数据、写报告、管理项目细节等。事实上，最消耗能量的思维并不一定直接和工作相关，而是，你一方面忧心忡忡，总担心事情往不好的方向发展；另一方面，你潜意识里总是认为这些事情会让你疲惫不堪。

每天忧心忡忡也会引起疲劳？没错。如果你脑子里不停地想"这季度任务完不成怎么办？万一搞砸了怎么办？这事儿我搞不定怎么办"，这将大大消耗你的能量。

研究显示，忧心忡忡跟疲劳有着密切联系[36]。这不足为奇，为什么呢？因为在担心的时候，我们会想象并预设一些消极的事情，从而导致我们的压力水平直线上升，让身体直接进入战斗或逃跑反应的生理兴奋状态。**我们的身体认为我们处于危险之中，神经系统就会被高**

度激活：心跳加速、手心出汗、身体预备进入免疫应答[37]状态。结果呢？我们变得无比疲劳。

你的压力通常并不来源于“待办事项”本身，而是来源于“待办事项”完不成怎么办。举个例子，你有没有过一件事放了好几周都没有完成的经历？每当你想到它，都会因为还没开始干而感到焦虑。**你总是在计划去完成这件事，所以它一直萦绕在你的脑海中。恰恰是这种想法会把你累垮。之后的某一天，你终于把它完成了，而且只用了1个小时。这时候你就会觉得这并不是一件什么了不起的大事，也不怎么费时费心。然而，这持续了几周的紧张感却在一直消耗着你的身心**。

忧心忡忡会导致“反刍思维[38]”（rumination）。例如：当你受到了同事的不公待遇，你回到家还是会一直想着这件事，脑海里不断重放着不爽的遭遇，思考明天该如何应对。不仅这些思绪会让你精神疲劳，而且随着你的睡眠受到干扰，身体也得不到休息和恢复。

忧心忡忡也会导致你产生“灾难化思维”（心理学术语，用来形容不理性地害怕某些恐怖的事情将会发生）。你可能会因为一件小事，就胡思乱想出一连串最坏的情况：“如果我这个PPT没做好，就会惹老板生气，就会被老板开除，就会没工资，就会没钱付房租，就会被房东赶出去……啊！那我就会流落街头！”**结果往往是，事情还没开始做，你已经觉得自己要完蛋了。** 这种消极思维让我们的压力水平上升、身体更加疲劳[39]。其结果就是：你耗尽了自己的能量，筋疲力尽。

有关疲劳的信念

最后还有一点，就是你认为这些事情会让你感到严重疲劳的信念，也会在很大程度上导致你精疲力竭。事实上，艾略特·伯克曼提到，有突破性的研究证明：**比起实际生理上的疲惫，疲劳更多地来源于你的信念**。这一惊人的发现是由斯坦福大学心理学家卡罗尔·德韦克（Carol Dweck）和她的同事们共同研究得出的[40]。该研究的目的是测量人们是否认为自己的意志力是一种有限的资源。在实验中，卡罗尔让参与者选择他们更倾向于认同以下哪种说法：一个是意志力有限理论的表述——“经过紧张激烈的脑力劳动，你感到自己的精力都被耗尽了，必须通过休息来恢复元气”；另一个则是意志力无限理论的表述——“你的精神力量会自我恢复，即便是在紧张激烈的脑力劳动之后，也可以继续完成更多”。

然后，他们让参与者完成某项高耗能任务，之后测量他们的疲劳度。卡罗尔注意到，参与者的信念决定了他们的意志力是否被削弱：如果他们相信自己的意志力会减弱，那么事实上它真的就减弱了。换句话说，如果你相信完成某件事会令你疲惫，那么它就真的会使你疲惫。

在另一项研究中[41]，一部分参与者完成了一项累人的任务，另一部分参与者则没有。然后，研究人员对于参与者完成此任务后的疲惫程度，故意给出了错误的反馈。那些被告知很疲惫的人，不管是否完成了之前的任务，都在接下来的记忆力测试中表现得很差。——你的信念蕴含着强大的力量，如果你认为做某件事情会让你感到十分疲惫，那么你的表现一定会很糟糕。

这些案例研究表明，你的能量水平很大程度上是由你的思想所控制的，尤其是你那些关于工作和究竟工作有多累人的信念及想法。如果你去上班的时候就觉得自己会累垮，那么你多半真的会累垮。

我曾经有一个同事，他非常厌烦我们经常组织的那些大型活动和会议。每当有活动的时候，他会走进办公室大喊："这简直就是世界末日！"无一例外，他在活动结束的时候总会累得精疲力竭，不得不请几天病假。反观其他同事，他们都很期待这些大型活动，也很少会累成那个样子。如果你觉得这个现象跟"安慰剂效应"（placebo effect）[42]很像的话，你的感觉一点也没错。各种研究都在证明，越来越多种类的思维在决定我们的能力和健康方式，包括我们的劳累感和精神状态。

经历高能情绪、过度自控、杞人忧天、错误地认为自己会累垮……当我们在精神上把自己逼到极限，我们会耗尽那些可以用来把工作做好的重要能量。这样，当我们遇到挑战或是重要任务的时候，我们会感到非常疲惫，我们的认知能力也会受到严重的影响，以至于无法以最佳状态工作。好消息是这些习惯都是可以改正的。我们可以学着掌控我们的能量——秘诀就在于保持平静的心态。

静心——能量管理的秘诀

当我们因为单纯的体力原因而感到疲惫的时候（比如，刚跑完马拉松），劳累的感觉会一直持续到身体自我恢复之后。解决方案很简单——休息。但是，当我们是因为心理原因而筋疲力尽的话，休息就不管用了。我们必须从精神上应对这些心理因素。但是该如何应对呢？就像我们在第二章中提到的一样，想要控制思想和情绪是很困难的。另外，**尽管研究表明负面思想会消耗我们的能量[43]，但是企图控**

制这些思想则会带来更多的疲惫感[44]。**这时候就需要静心上场了**。

在第二次世界大战的时候，英国政府制作了各种海报来鼓舞老百姓的士气。其中一幅海报写着“保持冷静，继续前进（Keep Calm and Carry On）”。这幅海报是为德国人入侵英国之后准备的。现如今，“保持冷静，继续前进”的海报及其各种有趣的变体常见于T恤衫、咖啡杯、背包还有各种社交网络的表情包中。然而，这幅由英国市政公务员于20世纪40年代创作的海报除了表层的含义外，还有更深层的意义。科学发现指出，**静心可以帮你保存心理能量，让你更加自如地发挥自控力，并且能够使你换一个角度看问题，从而减少消极情绪的影响**。

如何运用静心来保存能量？

在西方，我们看重高能的情绪。类似“平静”这种低能情绪，仅仅在一种情况下会得到我们的重视——遇到压力和烦恼的时候。比如，我们学习用放松技巧来缓解怯场情绪；在漫长一周的工作后会泡个热水澡；或者在完成某个压力山大的项目之后，去做做按摩来恢复元气。

一提到平静，我们大多会想到被动、懒散、嗜睡或是不称职的形象。我们很少把像“平静”这种低能情绪跟成功联系在一起。**静心，甚至连听上去都是很低效率的**。我们屈指可数的“静心时间”，也仅限于瘫在沙滩上晒日光浴，或是在瑜伽课上的短暂放松。我们似乎很难在谈生意的时候、在大项目的赶工期间或是在给学生上一堂研讨课的时候感受到平静。

然而，保持平静并不意味着效率不高，也不会让你变得被动。相反，保持平静可以使你消耗比预期更少的精力来完成工作。因为这是一种低耗能情绪，所以静心很少消耗你的生理能量。你的心跳不会加速，掌心不会出汗，呼吸也会趋于平缓。你的身体会处于放松的状态。这样带来的好处是，**你不必担心在一天的工作之后感觉能量都用光了，而是可以保存能量并且随心所欲地支配它**。

你可能觉得自己特别享受那种追赶最后期限的焦虑与兴奋交织所带来的快感。它会迫使你行动起来——**压力和兴奋是能量补充剂**。这就是为什么功能饮料那么受欢迎：咖啡因使肾上腺素（身体在应对压力时通常会分泌的激素）激增。但正如我之前描述的，**即便我们喝完功能饮料后会亢奋几个小时，我们还是会在经历高能情绪状态之后迅速疲倦**。

当然，我并不是建议你再也不要有兴奋的感觉或是其他高能积极情绪。它们可以给我们带来快乐。但是，当你了解积极和消极的高能情绪所带来的生理影响后，你可以更加熟练地支配你的情绪。**在适当的时候运用高能情绪带来快感当然无可非议，但是持续这样做的话，就是对能量的错误使用了**。相反，你也可以在需要的时候把高能情绪当作工具。在某些情况下，比如你正在主持小组会议，需要启发别人，**你可能要处于高度热情与兴奋的状态。但在其他情况下，比如你正在查阅电子邮件，你可能并不想为这么一项平常的工作来调动你所有的激情**。

选择性地利用高能情绪并在其余的时间内保持平静，可以让你更长久地保存能量。

比方说，你会对每一项工作都投入一切精力吗？你是那种要把所有事情都在最短时间内完成，并且完成好的完美主义者吗？你是每一件事都需要做到绝对完美，还是把一些工作做好，同时允许其他事情可以少一些投入和努力？毫无疑问，虽然完美主义有其价值性，可以激励你做到最好，但是也有弊端——它会带来不可能达到的高标准，导致担心焦虑，进而引起倦怠[45]。

职场上的完美主义（相较于体育和教育领域）会带来更大的引发倦怠的风险[46]。因为完美主义者给自己设定了不可能达到的高标准，他们长期生活在高压状态下。**完美主义常常跟自杀倾向[47]、焦虑症和抑郁症[48]及不良绩效[49]联系在一起**。保持平静可以使你客观地看待处理工作的方式，并用相应的方式管理能量。在很多情况下，知足（satisficing）即可。知足，就是“已经够好，不必更好”（good is good enough）[50]。你可以在一项工作上花费所有的精力，但是你要知道，与之相伴的是种种责任，你将会精疲力竭。这不是鼓励你工作偷懒，只做成“半成品”，而是请你不要奢望在每项工作的每个细节都达到完美，有些项目可能不需要另一些项目那样的关注度。平静的心态可以让你从所需的视角来看问题，并且可以帮你决定什么时候“已经够好，不必更好”。

你可能觉得，这种“佛系”的平静心态无法让你得偿所愿。但是保持平静并不会阻碍你有力地阐述观点。举个例子，我曾经给一个大型演讲活动做过志愿者，该活动将有上千号观众出席。我们的领导坦奴佳·利马耶（Tanuja Limaye）用自身诠释了什么是平静。作为一个领导，她每件事都做得很完美，并鼓舞着所有人去做到最好；但同时，她作为一个长期冥想者，也能够做到完全平静。有一次，她需要训斥一名犯了错误的员工。我观察到她提高了说话的音量并且显得很沮丧。但是我莫名地觉得她并没有沮丧。当一个人发怒的时候，你通常是可以感觉到的。他们可能面红耳赤，你甚至可以感觉到他们的心跳在加速。坦奴佳表面上看起来很严厉，她也很清楚地表达了她的不满。她的训斥对象也明白了她的意思。但当你近距离观察坦奴佳的时候，你能看出，她的内心是完全平静的。在坦奴佳跟员工说明情况的时候，她语气很强硬但不情绪化，似乎一点也没有动气或伤心。两分钟之后，她还跟那个员工有说有笑的。她继续去做别的事情了，这事儿也办完了，一点能量也没有浪费。

为什么静心是轻松自控的秘诀？

我们在寻常工作日里，要无数次练习自我控制（在晚上也是一样），这样非常耗人。当我们经历像兴奋和紧张这样的高能情绪时，我们需要额外的自控力，因为随之而来的生理兴奋也需要控制。例如，你要做一个演讲，由此而来的焦虑感会使你心跳加速，你不仅需要在演讲的时候控制你要说的内容，还要控制你的身体，以免结巴或是忘词。

平静的心态是轻松自控的秘诀。保持平静可以帮你专注于当下要执行的任务，让你更不容易分心。而集中注意力是自然而然发生的，不需要自控力。

我们凭直觉也可以理解——如果我们保持平静，便更容易专注。在一个我发起的研究中，我们邀请两位参与者（A、B）为一组进行实验。每组的参与者A要遵照参与者B的指示完成拼图任务，所以前者必须仔细地听他的伙伴提供的指导。当我问每组的参与者A他们在实验中想要保持的心理状态时，他们表示要保持冷静[51]。你一定体会过这样的感受：当你保持放松和内心平静的时候，你的思绪会停下飞奔的步伐。研究也证实了当你处于平静状态下，你关注的面更宽、关注的事物更多，观察力也更敏锐[52]，你能够考虑到更多的东西。

平静有助于轻松自控还有另一个原因，就是你可以保存能量，从而不会感到那么疲惫。就像鲍迈斯特的研究所表明的那样，当我们筋疲力尽、能量耗尽时，自我控制力也被耗尽了。

静心是如何减少对思绪的影响的？

当你平静的时候，你能够更好地控制你的思想和感受。**当我们还是小婴儿的时候，我们专注于我们的内心世界，每天最关心的事情莫过于“渴了”“饿了”“困了”“吓死宝宝了”**。在我们成长的过程中，由于我们逐渐优先考虑外部世界，内心世界就变得越来越陌生和疏远。成年之后，我们主要关注外部世界，注意力的焦点都集中在那些更能刺激我们感官的事情上：“电话响了”“老板进办公室了”“邮件来了”“新闻来了”，等等。作为成年人，我们只有在某些需要提高警惕或大吃一惊的时候才会更多地倾听我们的内在意识，包括我们的思维和情绪。比如，我们吃到特别好吃的东西时才会感叹“好吃哭了”；我们已经很痛的时候才会发出“哎哟”；最常见的是，我们在电脑前久坐几个小时之后，才在伸懒腰的时候突然感觉到后背和肩膀已经很疼了。当我们面临恐惧，或是因为愤怒而面红耳赤、因为伤心而颤抖哽咽、因为爱情而畏畏缩缩的时候，我们才会意识到自己那飞奔的思绪。

尽管我们没有给予内在意识太多的关注，但是它比大多数人所想象的要重要得多。鉴于消极思绪和关于疲惫的信念可以对我们的能量水平带来如此大的影响，那么意识到这些思绪和信念的出现对我们也是至关重要的。内在意识可以让我们观测这些信念和思绪，而不是让它们随意地支配我们。

你的大脑里有一条专门为内在意识而准备的神经通路[53]。但是当你受高能情绪影响而产生生理上的紧张时，这条通路可能会难以触发，因为大脑的其他部位都处于高度警戒状态。无论你正处于咖啡因的刺激下、焦虑紧张的神经过敏中还是欣喜若狂的精神状态里，你的思维都在高速运转。你完全被你所处的精神状态支配着，你的言语和决定都直接反映了体内所承受的压力。结果就是，你的思维过程变得没有从前那么清晰理智，你可能会办事冲动，说一些可能会后悔的话或做一些可能会后悔的事情。

然而，如果你是个冷静的人，你就可以轻巧地运用内在意识感知到内心活动。你会注意到自己开始有些焦虑和抓狂的冲动，并可以有意识地选择不煽动这些情绪。**你甚至可以像坐在屏幕前的观众一样观察自己的思绪**。例如以下的情形："我担心老板会说我的年终报告不够完善、没有新意、重点不突出……"与其周而复始地揣测最糟糕的情况下老板会作出怎样的评价，不如平和地提醒一下自己"现在焦虑的事儿有点多呢"，而不是火上浇油。与其想着"等我发言的时候一定要说好，不然我要尴尬死了"，不如对自己说"我又在小题大做了"。**当你的内心平静的时候，你可以更好地控制你的精神**。与其纠结那些消极的思想和情绪，不如选择不理会它们。你并不用抵制这些消极情绪，因为我们都知道，抵制只会使其更强大。**你仅仅需要接受它们的存在，但不去认同它们就够了**。你的感受不能控制你。相对于做冲动想法的奴隶，你完全可以有意识地决定你要说什么、要做什么。**与其让消极和高能的思绪耗尽你的体能，不如保存能量**。

东方文化从古至今都认为"静"是一种强大的力量，是能量的来源。中国有个说法叫"无为"（wu wei），字面意思就是不做任何事（noaction）。在道家思想的奠基之作《道德经》里，"无为"被描述为生命的诀窍。《道德经》里推崇"为无为"（wei wu wei），把"无为"当作"为"（action without action）。这听上去像谜语一样，但却是个蕴藏着深厚哲理的谜语。这句话可以理解为：

平静就是“有为”中的“无为”。你可能正在跟客户开一个很重要的会议，或是在谈一桩重大的生意，但你的内心却保持着平静、安宁和踏实。这样的好处就是，你会更加善于观察、倾听、沟通并做出更明智的决定。无论输赢成败，你都能“宠辱不惊，看庭前花开花落”。

当你心静时，你其实是充满能量的。因为你的意识居于当下，你可以很自然地集中注意力。**平静，是一种你不需要自控力就可以达到的心理状态，因为你已经处于掌控自己的状态中了**。

这是为什么呢？因为你的意志力凌驾于心理状态之上。耐克品牌系统创新、可持续商业及创新发展部门的高级总监莎拉·塞弗恩（Sarah Severn）[54]曾跟我说过：“你对发生在周围的任何事情，都可以选择如何回应。面对同一件事，你可以欢喜赞叹，也可以如丧考妣，抑或是不惊不惧，把它当作一个学习的机会。**你能带来的最大影响就是倾听自己内心最深处的意愿，而不是让你的意念对你颐指气使**。如果你可以做到这一点，你便可以把自我意识放在脑后，并且会对你周围的人产生积极的影响。”当你冷静的时候，你不会做出让自己后悔的事情，因为你可以选择你的所作所为，而不是疲于应对发生在周围的事。你的所作所为是经过深思熟虑的，并且是在你清醒和客观的状态下决定的。你可以镇定处事而非迫于压力，你可以放松心情而非紧张兮兮。最重要的是，你可以控制你的能量而不会过度疲劳。

如何达到心平气和的状态？

总有一些时候你会觉得很难保持冷静，尤其是当自己情绪亢奋或是面临紧迫的截止日期时。该如何培养冷静的心态并使其成为一种自发的状态呢？一种最好的方式就是冥想。

冥想，有时也称作正念（mindfulness），在过去的10年间越来越流行。由于针对冥想益处的研究不断深入，新闻、电视节目和不计其数的书籍都以此为话题展开探讨。随着冥想越来越受欢迎，很多社会名流——从电视节目主持人奥普拉·温弗瑞、斯科尔全球威胁基金会（Skoll Global Threat Fund）首席执行官拉里·布里安特（Larry Brilliant）到音乐界标志性人物拉塞尔·西蒙斯（Russell Simmons），甚至是福特汽车公司主席比尔·福特（Bill Ford）——都有进行冥想练习并把它当作他们生活中不可或缺的一部分的习惯，并极力推广冥想的各种益处。

一项研究表明[55]，冥想实际上可以保护你免受自控所带来的“疲惫效应”之扰。研究者重复了**鲍迈斯特的经典试验：**让实验参与者在完成了一项耗尽其自控力的任务之后，立刻进行第二项具有挑战性的任务。如果他们在第一项任务中已经耗尽了自控力，他们通常会在第二项任务中表现较差或是轻易放弃。这次的实验有所不同，一部分参与者会在完成两项任务之间做一段时间的冥想，其余的人则不做冥想。科学家发现，在做第二项任务时，做过冥想的人会跟完全没有参与第一项任务的人表现得一样好。因此，**冥想或许可以给你的能量充电，避免你在进行需要高度自控力的工作后耗尽体能**。冥想也与缓解压力和焦虑以及加强情绪调节相关，从而进一步帮助我们保存能量[56]。

如果你从来没有进行过冥想，你可能会望而却步。事实上，**冥想是最简单的练习之一。第一步，你只需要把眼睛闭上，然后将注意力转向你的内心**。也就是说，集中注意力在你的身体和大脑内部，而不是充满声音、画面和气味的周围外部世界。仅此而已，不会有比这更复杂的步骤。你只需要把注意力转向内心，几分钟之后，这个简单的步骤就会让你觉得能量有所恢复。

开始的时候，每次可以先做5分钟。首先你要注意身体上的感受：关注你的生理感觉、呼吸频律、心跳速度……关注地板质感、座椅触感，身上衣服、头上钗环、手上戒指给你的感受。**然后把注意力转至你的思想和情绪：感受它们的存在，但不要刻意去理会它们，就好像它们是电影荧幕上的影像**。当你慢慢掌握了技巧之后，你可以渐渐加长冥想的时间。**一个更简单的冥想方式就是把注意力集中在呼吸上，关注每一次的呼气和吸气**。这个练习看似无聊至极，但是你会发现，练习一段时间之后，你的心境会平静很多。现在有很多关于冥想的课程、书籍和CD，可以指导你如何冥想并提供各种可能适合你的冥想技巧。除此之外，还有很多应用程序可以帮助初学者练习冥想，比如Sattva、Headspace。

如果你还没有准备好进行冥想，那么就简单地选一个可以达到静心状态的姿势。就像我们在第二章里讨论到的，改变你的生理状态可以很大程度地改变你的感受。一个迷人的研究领域**“具身认知”（embodied cognition）就证明：只要我们的身体姿态得到改变，我们的精神状态就会随之得到改变**。我们的语言真是充满了智慧，比如在听到一个令人震惊的坏消息前要先“坐稳当”，或是建议别人“坐等”难题被解决，这里的“坐”都是极有道理的。让我们打个比方，假如你现在因某件事而焦虑或是愤怒，无法平静下来。**根据一个来自得克萨斯州A&M大学的脑成像研究，仅仅是平躺在床上就可以减少愤怒和敌对的感觉**[57]。进行第二章里提到的呼吸练习，也可以通过改变生理状态来使身体和精神明显冷静下来。当然，你也可以考虑参加一个温和的、基于知觉的瑜伽或太极课程，抑或伸展训练班。

让这些练习成为你生活的一部分，直到内在意识和平静的状态成为你的第二天性。研究指出，类似冥想这样的练习会随着时间推移产生累加效果。你花越多的时间去冥想，就越能够体会到它的益处[58]，久而久之，心境平和就会成为你每天的自然状态。

如何恢复精神能量？

保持平静可以帮助你管理能量，以免它很快被耗尽。但是不管怎样，你还是会有筋疲力尽，需要恢复精神能量的时候。管理精神能量，意味着你可以知道什么时候需要补充能量了（无需咖啡因或是高能情绪的介入）。以下是一些已经有实验佐证，可帮助人们在精疲力竭时恢复能量的办法。

比如，做一些积极向上的事。在一项研究中[59]，参与者观看了一个有趣的短片或是收到一份惊喜的礼物后，他们便不会在运用自制力之后显得疲乏。另一个研究[60]证明，**对于那些有宗教信仰的人来说，祷告有助于缓解疲劳的冲击**。抛开这些研究，**你最清楚什么样的活动可以使你精神振奋，把它们罗列出来并放在容易找着的地方，这样每当你精神疲惫的时候你就知道该做些什么了**。比如你在工作的时候想要补充能量，你可以出去散散步、休息一下，看有趣的视频、爱人的照片，进行冥想或是随便为同事做点什么暖心的事儿。

比如，把你正在做的事变成你想做的事。有很多事情都需要我们付出很大努力，但我们并不觉得累，为什么？因为那都是我们喜欢做的事呀！艾略特·伯克曼提醒我们说：“如果你已经感到累了，这时突然有什么很有趣的事儿要做，你会突然觉得像被打了兴奋剂一样又精神起来。”伯克曼承认自己很爱吃甜食，他告诉我说，有时候在经过了漫长的一天之后，他会非常想吃冰激凌。如果家里的冰激凌吃完了，他仍然有精力跑出去买新的——即便他还要穿上厚厚的冬衣和靴子，铲掉门口车道的积雪，之后还要发动车子开20分钟的车程才能到达卖冰激凌的商店。对于想做的事情，人们总是有着充分的精力。

中国的孔子说：“知之者不如好之者，好之者不如乐之者。”这句话是很有道理的。当你选择了你所热爱的工作，你一辈子都不会为工作而烦恼。然而现在的问题是，我们无论是在职业方面还是个人生活方面，并不总能选择我们所热爱的——但我们可以选择完成工作的方式，来让我们更多地享受其中的乐趣。与其把工作仅仅看作是一个任务，不如想想你热爱其哪些方面。是不是感觉说起来容易做起来难？那么以下是一些有科学依据的建议。

不忘大局观

想想为什么要做这个任务或是项目，而不是只关注要怎么去做。例如，如果你在苦熬论文或是创业时丧失了动力和能量，你可以想想要做这件事的初心：写论文，是因为自己对这个话题很感兴趣，并渴望作为这一方面的专业人士来分享你的知识；去创业，是因为希望有一天给行业带来革命性的变化，彻底改变人们做事的方式。

理解工作与你的价值观、使命感之间的联系，会让你的精力恢复。比如，如果你们公司在出售某种产品，你可以思考该产品是如何帮助满足人们的需求、让世界变得更美好的。沃顿商学院管理学教授、组织心理学家亚当·格兰特（Adam Grant）研究过这种效应[61]。格兰特的研究对象是一个大学的电话呼叫中心，其员工通过电话外呼来为需要经济援助的学生筹款。格兰特邀请了一位接受援助的学生谈了谈这些资金如何改变了他的生活。之后，该中心的集资效率大大提升了。为什么呢？因为呼叫中心的员工看到了他们的工作确实产生了价值——他们的工作变成了一项明确的使命。

如果你长期劳累于办公桌前做着你并不喜欢的工作，而且这与你的激情（如爬山远足）和你的家人都毫无瓜葛，又该怎么办呢？如果是这样的话，你可以想想工作和你的激情之间的潜在关系。比如说，你加班加点地工作，是因为你的收入可以让你有足够的钱去进行下一趟登山之旅。抑或这份收入是你的孩子上大学的经费来源，或是年终家庭旅行的储备资金。想想你的工作可以满足你的激情，你便能够重新专注大局，你会更加投入在工作中而不是把它当作负担。

当你着眼于大局的时候，你会记住你为什么在意这份工作。结果呢？就是你会开始想要做你正在做的工作，而不是想着这是你必须要做的事。这就是心理学所说的内在动机（intrinsic motivation）和外在动机（extrinsic motivation）之间的区别。内在动机是源于内心的动力，比如你知道你做的事是有意义的，或者你热爱你做的事；外在动机则是源于外部因素的动力，比如老板跟催命鬼一样要你赶工，或者挣钱是为了养家糊口[62]。研究表明，当人们由内在的动力驱使，做他们热爱做的事的时候（例如热爱打篮球的运动员），他们不会感到被迫或是压力，反而会觉得荣幸，收获乐趣。

当你始终牢记为什么你想要做你的工作时，你就能不再依靠自控力去工作了。换言之，因为你不需要运用自控力，你可以节省下很多精力。

学会感恩

研究显示[63]，心怀感恩有助于你在面对令人疲乏的工作时补充能量。不管怎么说，总有些事情是值得你感恩的：比如千千万万的人饱受失业困扰，而你则有一份可以让你衣食无忧的工作；比如工作上你也许有一些乐于往来的同事；又或许，你的福利待遇也还不错。伯克曼指出，感恩之心可以帮助人们恢复能量，是因为感激之情可以增进积极的情绪，并更容易让人们着眼于大局。

休息的时候就要远离工作

很多人晚上把工作带回家去做，或是在休假的时候仍旧埋头于工作中。结果是，一天的压力被延续到了晚上和假期里，完全占用了恢复体力的时间。德国曼海姆大学的教授萨比娜·索内塔（Sabina Sonnentag）发现，**那些休假时还被工作牵绊的人，在一年内会感受到更严重的疲乏，并且在高压的工作环境中表现出更差的心理弹性**[64]。

谢蓉·拉姆利（Sherron Lumley）[65]是一名电视新闻制片人，她的节目报道白宫、国会的各种重大新闻，拥有4000万国际观众。尽管她主要的工作地点是在位于美国东海岸的华盛顿特区，但是拉姆利却选择住在紧邻西海岸的俄勒冈州。在华盛顿报道时事要闻的时候，她的工作非常紧张。但是她在工作结束之后，还是会返回俄勒冈州的家中，刻意地断绝工作上的一切联系，享受和家人在一起的时光——有时去爬爬山，有时去划划独木舟，或是打点家务。她总是在登机飞往东海岸前，才会在机场查看工作信息。拉姆利告诉我：“在家度过的时间可以让我恢复元气并让我理清思绪。当我飞回华盛顿的时候，我就可以从容地应对压力，激发新闻团队的最佳状态。”

因为萨比娜·索内塔发现，从心理上隔绝工作是非常困难的，尤其是当工作量特别大、工作时间特别紧迫的时候[66]，所以她强调，当遇到高要求、高强度的工作时，有意识地疏远工作非常有必要。索内塔还发现，**从心理上隔绝工作是最快的恢复方式，出乎意料的是，它还可以提高工作效率**。她说：“从我们的研究中可以得出这样的结论，规划时间休息是个很好的主意，而且一定要充分利用这段时间。”索内塔的研究也证明了以下这些活动都有利于放下工作：健身[67]、去大自然里散步[68]，以及完全融入与工作无关的兴趣爱好中[69]。在下班后积极地反思你的工作也可以起到补充能量的作用。

现代人早已回不去那个车马邮件都慢的“从前慢”时代，面临着前所未有的快节奏与压力，“时间管理”成为必需品，与之相关的软件、博客、课程层出不穷。我们相信只有当我们管理好了自己的时间后，才能做更多的事，才能变得更快乐。然而，不管你怎么精心安排时间，一天只有那么多个小时。**一个更为有效，却很少有人了解的领域，就是能量管理**。

你每天如何使用能量？大多数人把能量消耗在那些不必要的高能情绪、自我控制和负面思想上。最佳的能量管理方式就是培养平静的心态。这样的结果就是能用更少的压力、更清晰的头脑和更敏锐的注意力来完成工作。你可以在完成同等的工作量的同时做到劳逸结合并乐在其中。你能够更清晰地思考问题，自然可以把工作做得更好。当然，最棒的一点就是，因为不再那么疲惫，所以你可以一直保持高能量状态，从而更加快乐、更加成功。

本章注释

[1]出自由吉姆·罗尔和托尼·施瓦茨所著的《全面投入的力量：能量管理，而不是时间，是高绩效和个人恢复的关键》。

[2]出自《布里克报告》2010年7月19日由麦克·霍奇斯所著的《MMA中十大有影响力的人物》。

[3]出自作者2014 年11月29日对麦克·海特曼的采访记录。

[4]是指个体在工作重压下产生的身心疲劳与耗竭的状态。

[5]出自由C. 马勒诗所著的《倦怠：社会心理学分析》。

[6]出自《应用心理学》期刊1986年第4期由S. 杰克森等人所著的《逐步理解倦怠现象》。

[7]出自由“数据库”网站编纂的《2012年美国内科医生面临的倦怠、抑郁和自杀倾向》。

[8]出自由“数据库”网站编纂的《2014年陷入完全倦怠的金融职业在选定国家的比重 》。

[9]出自《慈善事业编年史》2007年3月22日由卡罗林·普乐斯顿所著的《调查发现：倦怠、低收入会让年轻的慈善事业员工辞职》。

[10]创立于1863年的美国，是以不断创新的医学教育和世界领先的医学研究为基础建立起来的全美规模最大、设备最先进的综合性医疗体系。

[11]出自2012年12月8日由梅约诊所员工编纂的《职业倦怠：如何识别并控制》。

[12]出自《应用心理学》期刊2007年第5期由史蒂芬·E. 汉弗莱等人所著的《整合激励性、社会性和实际的工作设计》。

[13]出自作者2015年3月17日对艾略特·伯克曼的采访记录。

[14]出自《个性和社会心理学》期刊2006年第2期由珍妮·L. 蔡等人所著的

《文化差异与情绪价值》。

[15]出自《个性和社会心理学》期刊2007年第6期由珍妮 · L. 蔡等人所著的《影响和调整目标：理想情绪的文化差异来源》。

[16]出自《心理生理学》期刊1995年第5期由夏洛特 · 万诺妍 · 维特列特和斯科特 · R. 瓦尔纳所著的《情绪层级指数的心理生理学反应》。

[17]出自《认知神经科学》期刊2002年第8期由凯文 · N. 奥克斯纳等人所著的《重新思考情感：对情绪认知调节的fMRI研究》。

[18]出自奥斯卡 · 王尔德所著的《我可以抵御除了诱惑的一切，及其他奥斯卡 · 王尔德名言》。

[19]出自《积极心理学》期刊2006年第3期由朴兰椒等人所著的《54个国家和美国50个州的个性优势》。

[20]指由数码高科技设备带来的干扰。

[21]出自《心理规律大字报和评论》期刊2008年第2期由凯莉 · A. 斯奈德等人所著的《创新背后是什么样的记忆》。

[22]原文中对应的self-comfort是第一次出现，考虑有可能是作者的笔误，应为self-control，即自我控制。

[23]出自《心理科学的当代方向》期刊2007年第6期由R. F. 鲍迈斯特等人所著的《自我控制的优势模式》。

[24]指人们在新年伊始时下定决心要完成的一些计划。

[25]出自《个性和社会心理学》期刊1998年第74卷由R. F. 鲍迈斯特等人所著的《自我损耗：积极的自我是有限资源吗》。

[26]出自由R. F. 鲍迈斯特等人所著的《自我损耗：积极的自我是有限资源吗》。

[27]出自《心理学大字报》期刊2010年第4期由M. S. 海格尔等人所著的《自我损耗和自我控制的优势模式：综合分析》。

[28]出自《上瘾行为心理学》期刊2005年第2期由马克·穆拉文等人所著的《每日自我控制所需变化和酒精摄入》。

[29]出自《个性和社会心理学回顾》期刊2007年第4期由马修·T. 加约和罗伊·F. 鲍迈斯特所著的《意志力的生理学研究：把血糖和自我控制联系起来》。

[30]出自《心理科学》期刊2014年第1期由玛利亚姆·库查基和艾萨克·H. 史密斯所著的《早晨道德效应：每天不同时段对非道德行为的影响》。

[31]出自《组织行为和人类做决定的过程》期刊2011年第2期由F. 吉诺等人所著的《无法抑制诱惑：自控力消耗光后可能引发非道德行为》。

[32]出自《心理学回顾》期刊1994年第101卷由D. M. 韦格纳所著的《心智控制中的讽刺进程》。

[33]美国心理学家把想忘记的事称为"白熊"。"白熊实验"源于美国哈佛大学社会心理学家丹尼尔·韦格纳的一个实验。他要求参与者尝试不要想象一只白色的熊，结果人们的思维出现强烈反弹，大家的脑海中很快浮现出一只白熊的形象。

[34]出自《个性和社会心理学》期刊2007年第2期由M. 加约等人所著的《自我控制以葡萄糖作为有限能量来源：意志力不只是种比喻》，由加约和鲍迈斯特所著的《意志力的生理学研究》。

[35]出自由加约和鲍迈斯特所著的《意志力的生理学研究》。

[36]出自《身心治疗研究》期刊2004年第4期由H. 安德莉亚等人所著的《病理担忧和工作人群中的疲惫之间的关系》。

[37]指机体免疫系统对抗原刺激所产生的以排除抗原为目的的生理过程。
[38]指人过分沉溺于消极的思想中，反过来又会强化自己的负面情绪。
[39]出自《咨询和临床心理学》期刊1982年第1期由西德尼·J. 布拉特等人所著的《依赖和自我批评：抑郁症的心理层面》。
[40]出自《心理科学》期刊2010年第11期由薇罗尼卡·杰布等人所著的《自我损耗——只存在于你脑海中吗？关于意志力影响自律的内隐理论》。
[41]出自《社会心理学和个性科学》期刊2010年第3期由J. J. 克拉克森等人所著的《疲劳错觉对执行控制的影响：对损耗的认知会损害工作记忆的能力吗》。
[42]指病人虽然获得无效的治疗，但却“预料”或“相信”治疗有效，而让症状得到舒缓的现象。
[43]出自《个性和个人差异》期刊2007年第6期由尚塔尔·A. 阿平·克利伯和罗伯特·A. 克利伯所著的《疲劳的心理学因素：检验抑郁症、完美主义和自动产生的消极思想》。
[44]出自《身心治疗研究》期刊2011年第4期由洛林·马赫·爱德华等人所著的《元认知和消极情绪作为长期疲劳的症状》。
[45]出自《个性和社会心理学回顾》期刊由安德鲁·P. 希尔和托马斯·克兰所著的《多方面看完美主义和倦怠：综合分析》。
[46]出自希尔和克兰所著的《多方面看完美主义和倦怠：综合分析》。
[47]出自《学校心理学》期刊2014年第9期由托马斯·S. 格里斯普所著的《完美主义有解药吗》。
[48]出自《认知治疗和研究》期刊2001年第25期由凯瑟琳·Y. 川村等人所著的《完美主义、焦虑症和抑郁症：它们之间的关系是独立的吗》。

[49]出自《心理科学的当代方向》期刊2005年第1期由戈登·L. 弗莱特和保罗·L. 休伊特所著的《完美主义在体育和锻炼中的弊端》。

[50]出自《个性和社会心理学》期刊2002年第5期由巴里·施瓦泽等人所著的《最大化与满意度：幸福是一种选择》。

[51]出自《个性和社会心理学》期刊2007年第6期由珍妮·L. 蔡等人所著的《影响和调整目标：理想情绪的文化差异来源》。

[52]出自《心理生理学》期刊1973年第10卷由W. 利比等人所著的《视觉注意时瞳孔和心脏活动》，《心理生理学》期刊1997年第34卷由H. T. 斯库普等人所著的《探查P3和眨眼：两种惊吓反应的测量方式》，《个性和社会心理学》期刊由菲利普·A. 盖保所著的《愤怒直观地和意识上地使认知范围缩小》，《心理科学的当代方向》期刊2013年第4期由艾迪·哈蒙·琼斯等人所著的《消极情绪总是拓宽头脑吗？参考动机强度对认知范围的影响》，《理论和心理学》期刊2004年第4期由雅尼夫·哈诺和奥利弗·维陶赫所著的《当少就是多的时候：信息、情绪唤起和耶克斯-多德森定律的生态重塑》。

[53]出自《大脑皮层》期刊第23期由N. A. S. 法博等人所著的《主要内感受和外感受的注意力调整》。

[54]出自作者2015年8月6日对莎拉·塞弗恩的采访记录。

[55]出自《知觉和认知》期刊2012年第2期由M. 弗里泽等人所著的《正念冥想可抵消自我控制的损耗》。

[56]出自《咨询和临床心理学》期刊2010年第2期由施太芬·G. 霍夫曼等人所著的《对焦虑症和抑郁症的正念疗法的综合分析》，《PLoS One》期刊2008年第3期由安东尼奥·卢茨等人所著的《通过共情冥想调整情绪神经通

路：冥想的影响》，《心理科学的当代方向》期刊2013年第6期由瑞玛·特佩尔等人所著的《正念的大脑：正念如何通过增进执行控制来加强情绪调节》。
[57]出自《心理科学》期刊2009年第10期由E. 哈蒙·琼斯和C. K. 彼得森所著的《仰卧姿势可以减少对愤怒的神经反应 》。
[58]出自《神经影像》期刊2009年第45卷由艾琳·路德斯等人所著的《长期冥想的解剖学基础：海马体和大脑灰质的前端容量变大》。
[59]出自《实验社会心理学》期刊2007年第3期由D. M. 泰斯等人所著的《自我恢复：积极情绪有助于自我损耗之后的自律》。
[60]出自《实验社会心理学》期刊2014年第51卷由M. 弗里斯和M. 万科所著的《个人祈祷可以缓冲自我控制消耗》。
[61]出自《国际公共管理》期刊2008年第11期由A. 格兰特所著的《公共服务部门的亲社会性影响的激励效果》。
[62]出自《工业健康》期刊2012年第50卷由明仁岛津等人所著的《工作狂状态和工作敬业度与员工的幸福感和绩效是对立关系吗》。
[63]出自《心理科学》期刊2014年第6期由大卫·德斯特诺等人所著的《感恩：一个降低经济不耐心的工具》。
[64]出自《应用心理学》期刊2008年第93卷由S. 索内塔等人所著的《你晚上过得好吗？基于一天的研究来考察体力恢复、睡眠和情感》。
[65]出自作者2015年4月15日对谢蓉·拉姆利的采访记录。
[66]出自《职业行为》期刊2010年第76卷由S. 索内塔等人所著的《职业压力因素、情绪枯竭和恢复需要：对心理疏远的益处的多方面研究》。
[67]出自《工作和组织心理学》欧洲期刊2014年第23卷由N. 福德翰等人所

著的《工作后健身、心理调停和情绪：基于每天的研究》。

[68]出自《心理科学分析》期刊2010年第5卷由S. 凯普兰和M. G. 伯曼所著的《引导注意力作为执行功能和自律的常见源头》。

[69]出自《职业行为》期刊2012年第80卷由V. 哈恩等人所著的《同伴在员工周末恢复时的作用》。

Part 4

什么都不做
才能做更多

不要低估了“无所事事”的价值，
就这么随意走走，
感受耳朵无法听见的声音，
无忧无虑。
——小熊维尼《小熊维尼的小指令书》

会“闲”的人才会创造

迈伦·斯科尔斯（Myron Scholes）[1]是斯坦福大学商业研究生院的名誉教授。当他接到电话被告知获得了诺贝尔经济学奖的时候，他并没有在办公桌前伏案研究算法或是研读文献，而是刚刚完成了一次早餐桌上的讲话，正筹划着打一天的高尔夫呢。

很多人都认为斯科尔斯绝对是个天才。他以研发各种具有创新性、突破性的经济学理论而著称，这其中就包括了布莱克-斯科尔斯期权定价模型（Black-Scholes Options Pricing Model）。该模型是衍生金融市场的基石，斯科尔斯也因此获得了1997年诺贝尔经济学奖。但当我问他是如何想出如此新颖的见解时，他说他的创造力来源于非工作时间，比如每天冥想和散步时。斯科尔斯打破了我们对于学者只沉浸于某一专门研究领域的刻板印象——他在自己的研究领域之外也广泛涉猎，津津乐道于近期爱读的各种书籍。他总是充满能量，对新生事物心怀好奇，并且总能提出很有见地的观点。他身上的朝气和活力，让你完全看不出他已年过七旬。每次跟他聊完天，我都会觉得如沐春风、思如泉涌。

斯科尔斯究竟是怎么做到这些的呢？他是怎么做到既高效率、富有洞察力，同时又保持快乐的呢？

在我们的印象里，成功人士都是那些一门心思刻苦钻研自己专业领域的人：他们尽力让自己对领域内的各种书刊、文献、博客及调查研究了如指掌；他们执着于自己的研究，以百分百的专注和精力来对待工作，小心谨慎地处理工作中的任何问题。简而言之，他们非常专心。

在我们的常识中，“心无旁骛”对于成功至关重要。毕竟从小学直到参加工作，专心致志这种完全投入于某一项任务的能力就一直被弘扬着。我们专注于手头工作的能力不仅仅会受到赞许和褒奖，而且对于我们赶超他人、完成工作也至关重要。至少大家都这么说。但事实呢？

著名畅销书《异类》的作者马尔科姆·格拉德威尔（Malcolm Gladwell）曾使以下观点广为流传，那就是任何一个人只要为某一技艺花上10000小时进行练习，都可以精通。**尽管这背后的科学依据尚待考究[2]，但是它满足了很多人对于成功的想象。为什么呢？因为它完全符合我们相信的“只要专心致志，就能有所成就”的理论**。俗话说熟能生巧，不是吗？

认真和专注无疑是很重要的：你越是专注，就越能吸纳知识。无论你是在学习一项技术性技能——比如弹奏乐器或是电脑编程，还是学习一项知识性技能——比如如何从多篇文献中准确地提炼中心思想，都需要认真与专注。

我们认为专心致志的反面——白日做梦、游手好闲、心不在焉等——都是需要避免的。我们会把注意力不集中看作一个需要克服的障碍，更有甚者，有些人会把它看作一种疾病。我们总是抱怨很难保持长时间聚精会神的状态。关于多动症的内容也经常见诸报端。那些主打自我激励的心灵鸡汤和网络博文也不断给我们提供关于如何专注于手头工作和集中注意力的建议与窍门。当我们所获得的结果与预期大相径庭时，我们就会质疑自己对待工作是否足够专注。我们相信假如我们能够在那些个项目、报告和汇报演讲上保持长时间的全神贯注状态，那我们就可以完成比预计的多得多的工作。

我们已经习惯了把“专注”当作褒义，而把与其相反的“懒散”（尤其是长时间的懒散）看作贬义的、效率低下的。我们会对自己长时间无所事事心怀愧疚。大家常说的“游手好闲、惹是生非”便充分诠释了我们的这个观念：闲散、无所事事将不可避免地招致各种不好的事情。懒惰的负面影响已经在人们脑海里根深蒂固，很多人甚至会为了工作而放弃休假。据调查，84%的公司主管都会做出这样的选择[3]。

我们这样想其实犯了一个基本的错误：真正成功的人，像是斯科尔斯，并不是仅仅通过专心致志就能产生那些绝妙想法的。他们之所以能成功，是因为他们会在专注工作之余腾出时间参加各种不同的活动，比如健身、打高尔夫球。这样他们才会如此富有想象力和创造力：面对难题，他们可以提出创造性的解决方案，并能巧妙地把生活、工作中的点滴联系起来。

没有哪一任美国总统像德怀特·艾森豪威尔（Dwight Eisenhower）那样花那么多时间在打高尔夫上，但他仍被誉为美国历史上最杰出的总统之一[4]。他在高尔夫球场上有一个规矩：除非是紧急情况，否则在球场上禁止谈论任何与政治有关的话题。他向一个潜在的总统候选人解释说："年轻人呀，我来跟你说说，你在政府里一周要工作7天，一天要工作14个小时，你会不停地想你正在完成你的工作。但是我要告诉你，如果你真的有那样的想法的话，是绝对不可能做好你的工作的。"[5]

至关重要的灵感

2010年，IBM针对全球60个国家、33个行业内超过1500名首席执行官（CEO）进行了一次调查[6]。结果显示，这些首席执行官们认为，要想在当今复杂的商界里屹立不倒，最需要、最重要的技能就是创造力。**他们把创造力排在了严谨性、管理能力、纪律性、洞察力，甚至诚信之上**。不管你是疲于应付家中琐事和飞行任务的空哥空姐，还是正在研发一款新程序的电子工程师，或是一个试图哄孩子吃蔬菜的妈妈，创造力都是把事情成功完成的核心。

在我们的社会中，一些最具发明才能的人都曾提到，那些颠覆性的想法都来自于白日梦或是一些毫无关联、无需动脑的事情。1881年，著名发明家尼古拉·特斯拉（Nikola Tesla）在前往布达佩斯的旅途中突发重病。在那里，他大学时代的朋友安东尼·西格提（Anthony Szigeti）陪他散步来帮助他康复。有一次，就在他们一边散步一边看日落的时候，特斯拉突发奇想，想到旋转电磁场，直接推动了现代交流电传导机理的发展[7]。

类似的事情也曾发生在弗里德里希·奥古斯特·凯库勒

（Friedrich August Kekulé）身上。他是19世纪欧洲最负盛名的有机化学家。在一次白日做梦的时候，他梦到了那个著名的蛇吃尾巴形成的环形图案，从而发现了有机化合物苯的环状结构。

作曲家路德维希·范·贝多芬（Ludwig Van Beethoven）对于音乐灵感的来源也曾说过一句广为人知的话："音乐不停在我耳边响起、怒吼、咆哮，直到我用音符把它们写下，它们才会平静下来。"甚至连艾尔伯特·爱因斯坦（Albert Einstein）都会把他的独到见解归功于线性思维和逻辑思考之外的东西。他在需要解决复杂难题或是汲取灵感的时候，会求助于音乐，尤其是莫扎特的交响乐[8]。他的一句话也常常被人们引用："一切伟大的科学成就都来自于直观的知识。我相信直觉和灵感……想象力要远比知识来得重要。"[9]

让我们把目光转向近些年。伍迪·艾伦（Woody Allen）说洗澡淋浴可以帮他"疏通堵塞的思维"[10]。畅销书《美食、祈祷和恋爱》的作者伊丽莎白·吉尔伯特（Elizabeth Gilbert）在一次TED演讲中也描述到，对于很多作家、音乐人和诗人们来说，当他们在做一些与艺术创作无关的事情的时候，灵感缪斯会在不经意间降临，激发他们的创作灵感和绝妙创意，正所谓"无心插柳柳成荫"[11]。

而如今，每个人的日程都被排得满满当当，每个人都必须在工作中保持格外专注，此时创造力就越发显得重要。无论是生活还是工作中，创造力都是我们提高效率和获得成功的关键，也是为我们创造快乐与幸福的无尽源泉。

无为是如何激发创造力的?

研究发现，人们主要有两种思维模式：一种是对当下高度专注，这可以使我们达成眼前的目标；另一种是将头脑放空，我们的思绪可以随意游走，从而想出新的点子。虽然我们总是特别关注第一种思维模式，但其实后者才是激发创造力的秘诀。

在第一章里，我说明了做事情时把注意力集中在当下的重要性，在工作和与他人交流的时候不要心不在焉。然而在这一章里，我要讨论另一种思维方式也非常重要，那就是**有目的的心不在焉，即选择利用空闲的时间让你的思绪放空**。

宾夕法尼亚大学想象力研究所科研主任、《并非天赋》（*Ungifted*）和《异想，天开》（简体中文版书名，原版书名为“*Wired to Create*”）的作者斯科特·巴里·考夫曼（Scott Barry Kaufman）[12]解释了为什么放空思想可以让你的大脑处于一种绝佳的状态，从而激活创新思维，使你用崭新的视角看待问题。

考夫曼指出，线性思维和创造性思维这两种思维方式，在大脑中对应着不同的神经网络。线性思维是指有意识地专注于某项活动；**创造性思维则被称为默认神经网络，因为它只有在我们放松的时候才会被激活，它包括当我们没有对某件特定的事情保持专注时产生的各种念头、幻想、白日梦以及回忆**。按照考夫曼的说法，两种思维方式不可偏废，理想的状态是我们可以根据不同的情形在两者之间灵活切换。

其他的研究也证实了这一观点。圣巴巴拉加利福尼亚大学的乔纳森·斯库勒（Jonathan Schooler）及其同事们研究发现[13]，人们在发呆、做白日梦或是让思绪随意游走之后的一段时间内，会变得更具有创造力。他们的研究还表明，**人们在接受富有挑战性的学习任务时，如果先做一个比较简单的任务让头脑得到放松，那么再回到这个较难的任务后，则会表现得更好**。这里要强调的是，这一切的关键在于平衡放松和专注这两种状态，并能在两者之间切换以达到最佳效果。

我们需要平衡好专注和放松。如果我们的大脑在不停地处理信息，如果我们一直要面对毫无喘息的日程和科技强加于我们的能力需求，我们就永远都没有机会敞开思绪让想象力得以驰骋翱翔。如果我们不给大脑休息的时间，我们就无法进行一些闲散的活动，等待灵感、创意的出现。

一项由马雷克·维特（Marieke Wieth）和露丝·扎克斯（Rose Zacks）进行的研究[14]，证实了休息对于创造性思维至关重要。她们发现**喜欢早起的人大多在晚上最有创造力，而那些夜猫子们则在早晨容易取得重大突破**。这听起来有些匪夷所思，不过其中大有道理。**大脑进入困倦放松的状态时会出现阿尔法脑电波，这时你的意识才得以放空**。

众所周知，萨尔瓦多·达利（Salvador Dalí）经常**“带着钥匙睡觉”**——他会用手指夹着一把钥匙睡觉，并在钥匙下面放一个铁盘。当他睡着失去意识之后，钥匙就会落在铁盘上发出响声将他叫醒。他相信，正是那种介于睡着和清醒之间的半梦半醒阶段（hypnagogia）点燃了他的创造力[15]。

这些研究都说明，花更多的时间在自己身上会让我们变得更有想象力、更有远见。我们可以做一些漫无目的、自由闲散的事情，可以给自己足够的空间静静地坐着不动，还可以花更多的时间去享受生活。以上这些活动都有助于我们悠闲地把大脑放空，免去各种待办事项的烦扰。**你可能看似在做一些不怎么费脑的事儿，比如出去散散**

步、贴贴邮票，或者是洗洗碗、刷刷盘子，但其实你在做这些事情的时候内心会营造出一种平静的状态，为深度思考提供了空间。如此，你所需要的灵感或许就能慢慢呈现出来了。

考夫曼说：“最有创意的点子不会在你走火入魔般一周7天不停地研究同一个问题的时候出现。老板和员工们都需要理解，那些独到的见解并非来自刻意的深思熟虑，而是来自自由想法与闲散情绪的整合。这种整合恰恰发生在‘偷得浮生半日闲’时——发发呆，忆往事，或者其他与你的内在世界发生联系的活动中。”[16]

我们的创造力去哪儿了？

对于很多人来说，考夫曼所描述的这种放空的状态是难以企及的。尽管我们每个人都具备创造性潜能，但是大多数人却恰恰忘记了如何激活它，这也是我们的教育和忙碌的生活节奏过分强调线性思维所致。

毫无疑问，小孩子是我们这个世界上最富有创造力的人。他们可以把卧室变成堡垒，把毛绒玩具变成故事中的英雄和坏蛋，跟幻想中的朋友交流。无论是坐在等候大厅里还是在去学校的路上，小孩子们都可以把任何场景变幻成想象和游戏的舞台。不管身边有什么东西——小河、小溪、小树枝、小石子、纸娃娃、弹弹球……小孩子都可以变出不同的游戏。事实上，很多发明都是小朋友想出来的，比如冰棍、蹦床、耳罩等[17]。

孩子们的想法和点子可以自由发挥、不受限制，不像成年人会被自己的种种要求所限。打个比方，在等公交车的时候，孩子们会拿着棍子当作刀剑，把成堆的落叶想象成王国，或是从云团中找出各种动物的形状；但我们大人呢，则是在埋头按手机，忙着回消息，忙着点赞，忙着想明天的工作安排。巴勃罗·毕加索有句名言："所有的孩子都是艺术家。问题在于如何在长大后依旧保持这种状态。"[18]如果我们都像孩子一样具有成为创意大师的能力，那么我们的创造天赋一定是天生的。所以我们的创造力到底去哪儿了？答案就是：被我们的教育埋没了。

我们丧失了孩子那样无边无际的思维能力，是因为所接受的教育和专业培训在我们的头脑里设置了各种边界、纪律和严谨性。我们的思维学会了如何线性地思考问题并用逻辑进行解释，这些固然是很棒的技能，但是当我们过分强调这些技能的时候，我们牺牲了想象和发明的才能，创造力也被抑制。

有关"发散性思维（divergent thinking）"（"创造力"在学术界的一种高级说法）的研究特别关注了教育对我们创造力的影响。"发散性思维"指的是遇到问题可以想出多种解决方法的能力。从本质上讲，这就是意识流的头脑风暴。有些你想到的方案并不能帮你解决实际问题，但是这些奇妙的想法和观点之间呈现出来的联系可以在无意间引出创新的解决方法。另一方面，**"收敛式思维（convergent thinking）"则是在已有的知识中通过逻辑和线性推理找出解决方案**。

那我们在学校学的是什么呢？收敛式思维。《成长或是死亡》的作者乔治·兰德（George Land）指出这种思维在很大程度上削弱了我们与生俱来的创造力。他用自己为美国国家航空航天局（NASA）设计的发散性思维测试，针对1600名小孩的不同成长阶段进行了跟踪研究。他发现在3—5岁的时候，98%的孩子被评为“发散性思维天才”；8—10岁的时候，这一比率降到了32%；而到了15—18岁时，就下降到只有10%了。**当兰德在为2000名25岁左右的青年做测试时，他发现只有2%的人可以做到发散性地思考问题**。兰德因此得出结论：尽管创造力是在小的时候天生就有的，但是我们在教育体系的影响下，逐渐失去了它[19]。

尽管兰德的研究还没有发表，但其他一些经过同行评审的研究已发表——也通过不同的创造力测试得出了类似的结果。在2010年7月，威廉与玛丽学院的金希景教授发起了一次有关“创造力危机”和创造力在教育与商业领域重要性的全球性对话，她同时发表了一些令人震惊的数据，显示出当今青少年创造力的下降。她发现创造力在孩子6年级之后便会停滞不前或是开始下降，创造力测试分数自1990年以来便持续下滑，同时智商测试的分数却上升了[20]。金教授总结说：**“人们普遍变得越发不能创造性地思考问题，而且他们也越发失去了对创造力和创造性人才的包容度**。尤其值得一提的是，年纪更小的孩子也越发不能用创新的方式思考了。”

有趣的是，金教授发现创造力和智商的测试结果之间的联系简直可以忽略不计[21]。换句话说，**就算我们专门培养那些可以提高智商测试成绩的能力——在学校里学习的诸如记忆和推理等线性思维方式，掌握这些技能也并不意味着我们可以琢磨出划时代的发明创造**。当然了，线性思维固然是每个人都需要掌握的，但是不为发展线性思维而牺牲创造力，也是成功的基本要素。

除了在学校和单位这些只注重线性思维的地方，我们的生活中留给非线性思维的空间也少之又少。即便是有机会享受放空的时间，我们也无法好好利用这个机会来激发创造力。

哪怕是在没专注于做那些“重要的事情”（如承担对事业和家庭的责任）的时候，我们的注意力也一直处于紧绷状态。**我们受到的过多的刺激，通常来源于高科技产品的不停轰炸，这给我们的注意力增加了沉重的负荷。也正因为如此，很多人在活着的每一分钟都处于注意力紧绷的状态中**。我们周围的每一个人，无论是我们工作上的主管还是亲朋好友，都指望我们在电子设备端永久在线，随叫随应。我们使用的各种设备所带来的种种干扰，比如短信提示、电话响铃、聊天提醒，都妨碍了我们放空思绪。

更糟糕的是，我们的大脑已经被驯化得必须时刻查看手机和收件箱，甚至我们的日常生活都在潜移默化中被这一习惯干扰着。你可能注意到，自己不管在干什么，都会不由自主地、时不时地去查看邮件或手机。**非线性思维需要一定程度的思绪漫游和冥思幻想，但是我们的心却不停地提醒自己要查看邮件和手机，这种内在的“闹钟”不必要地掐断了我们的非线性思维过程**。可能在过去我们还会利用坐公交、地铁上班的时间，或是在超市排队的时候，幻想一些事情，然而现在我们会强制性地查看邮件以免错过什么“重要的事情”，或是漫无目的地刷朋友圈和微博。这样的结果就是，我们时时刻刻都要保持注意力高度集中的状态。

另外，我们的日程安排满得都要溢出来了，我们的待办事项也多得数不清楚，每天都要忙于各种工作会议和繁杂的非工作事宜，比如去健身房、做志愿者、参加读书俱乐部、接孩子上学放学……我们试图从每一分每一秒里都挤出效率，不舍得“浪费”任何宝贵的时间，并且努力把所有事情都安排得有条不紊。

即便我们在完成了日程安排、工作任务，满足了社交需求之余，有一些可以促进非线性思考的闲暇时间，然而闲暇时间的概念对于我们来说却变得如此陌生，我们要么觉得空虚无聊，要么觉得浑身难受。当我们“没事可做”的时候，我们会感到焦虑难耐、坐立不安。所以我们会再次投入电子设备、手机网络的“怀抱”，或是用追剧、浏览视频来填补这段闲暇时光，而不是趁这个机会反思一下生活、放松一下身心、做一做白日梦。不管我们是在机场候机还是在医院候诊，我们都更倾向于翻开一本杂志，盯着那些无处不在的电视屏幕，跟朋友发短信、打电话，或是拿出手机浏览各种讯息。

弗吉尼亚大学的提莫西・威尔森（Timothy Wilson）教授注意到人们在独处时的不适情绪，并于2014年决定进行一系列研究来测试人们在独自思考时的感受[22]。在实验中，他给参与者两个选择：一是花6—15分钟的时间独自思考，二是花同样的时间干一件枯燥无聊的事儿。他发现绝大多数人都更倾向于做无聊的事儿，而不是独自思考。

最显著的是，在另一个关于独自思考的研究实验中，他给参与者提供了另一项选择——如果愿意，可以对自己进行自主性电击。研究人员发现，有很大一批人都会在独自坐在屋里思考和电击自己之间选择后者，即使是那些认为电击非常难受、宁肯花钱也不要再承受一次的人！简言之，研究者得出了这样的结论：**“大多数人都更愿意做些什么而不是什么都不做，即使这些事情是负面的。”**

为了使效率最大化，我们每天都努力保持注意力高度集中，但我们却忽略了非线性思维和创造力才是可以帮助我们成功、达到真正高效的方法。

反观天才呢，他们知道洞察力和发明才能来源于那些不受逻辑禁锢的、飘忽的意识。发挥创造力需要的是开放发散的思维，不受思维定势、界限、规矩和其他心理因素的束缚。所以，虽然我们笃信成功来自高度集中的注意力和争分夺秒的高效率，但事实上，成功很大程度上是来自放松、不专注、不工作的状态，留出时间什么事也不做，从而给我们的大脑腾出在生活中发挥创造力的空间。

那我们该怎么做呢?

通向创造性闲散的3条途径

有意识地让我们的大脑飘向闲散状态对大多数人来说都是一大挑战。因为即便我们拥有空闲的时间，我们的大脑还是很难清除那些关于工作、担忧的念头。有些人害怕闲散下来会使他们懒惰，或者他们觉得这样会阻碍他们“把任务完成”。线性思维已经深入我们的骨髓，只要一有时间，我们就自然而然地开始罗列要做的事情、要采购的东西或其他的计划安排。尽管我们小时候可以轻而易举地闲散下来，但成年后，要想做到心无旁骛、不被要求高效率的活动所牵绊，则很有挑战。事实上，**我们需要重新学习如何变得闲散**。

实际上，有3种方式可以激活我们的创造潜能：**学会丰富生活，分散注意力；腾出时间拥抱平静，保持安静；把快乐重新注入生活**。

丰富生活，分散注意力

专家们建议，要想做到闲散和分散注意力，关键是参与各种各样的活动，而不是长时间进行同一项工作。**要想换个视角看问题，我们实际上需要先退一步，把问题放到一边**。我们可以通过以下两种方式丰富自己。

1.做些不需要动脑子的工作。考夫曼建议，可以将用于汲取信息和完成任务的时间打散，在其中插入几个15分钟的间歇期，用于做一些不费脑或是不需要集中注意力的事，比如冲个澡、出去跑跑步、做做伸展运动。考夫曼解释说：**“用这15分钟的间歇来做一些不费脑的事或是就用来发呆，你的视野会变得更广阔，**而且你的大脑也可以想出更有创造力的点子。如果你对某一个问题过于投入，那么是无法达到上述境界的。”[23]

尤其值得一提的是，散步似乎可以大大提升创造力。在一个“名副其实”的研究当中（标题为“给你的点子插上双脚”）[24]，研究者发现，在散步过程中以及刚刚结束散步的时候，人们会在一些创造力测试中得到更高的分数。

考夫曼澄清，他不是呼吁停止专注于我们正在研究的问题或是解决方案。相反，他是鼓励我们在注意力高度集中的时段中，腾出一些用于放松、分散精力的闲散时间。毕竟，**新颖的主意总是喜欢光顾有准备的大脑**。考夫曼解释，从传统意义上来说，研究创造力的科学家认为创造性地解决问题要通过以下3个步骤。

- 精通技艺：学习相关知识并完善你的技能；
- 启发灵感：利用不费脑的任务和闲暇时光休息大脑；
- 精雕细琢：重新专注于原本的问题，再次通过线性思维完善你的解决方案。

就拿我写这一章来打比方，“精通技艺”的阶段指的是我潜心研究关于创造力的学问，向相关的专家讨教，并且采访了一些非常有创造力的人士。“启发灵感”则来自我去户外徒步的时候。在那段时间里，本章节的行文逻辑、阐述顺序都不费吹灰之力地浮现在我的脑海里。在最后“精雕细琢”的过程中，我仔细推敲文字、反复修改，目的就是让我所写的内容可以尽量被读者所理解。

加利福尼亚大学戴维斯分校的管理学专家金伯利·埃尔斯巴赫（Kimberly Elsbach）和安德鲁·哈格顿（Andrew Hargadon）[25]提出，**为了达到创造力最大化，你在安排工作日程的时候，应该在一些需要高度集中注意力的任务中间穿插更多不费脑的任务**。给你自己和周围的人更多喘息的空间，让工作内容更加多样化，交替进行需要低专注度的任务（比如录入数据、给演讲稿整理格式、清理办公桌等）和需要高专注度的任务（比如写文案、准备幻灯片、主持会议等）。

沃顿商学院的亚当·格兰特提醒我们，**不要混淆那些对智力要求不高的任务和具有“休闲性”的任务之间的区别[26]。比如说，我们可能会觉得刷朋友圈、读杂志是那种可以让大脑放松下来并能使我们进入闲散状态的事儿，但相反，它们需要我们投入很多的注意力**。格兰特解释说：“你需要的是集中部分注意力。例如，作为一个普通白领，如果你可以至少用一天中的部分时间来完成数据录入或者其他类似的工作，你就能进入一个节奏或规律，这仅仅需要你集中部分精力，因此，随后你便更容易以更加清晰、具有创新性的视角来看待问题。”[27]

做无聊的工作来激发创造力，这听上去虽然匪夷所思，但却行之有效。当你的精力只投入了一部分的时候，它不会过度消耗能量。所以那些意想不到的新奇点子就不会被束缚，独创的奇思妙想就更容易浮现在脑海中。

2.开阔视野，多体验人生。人生多样化也意味着略微拓展经历及智力的宽度。按照考夫曼所说的，**任何违背预期发展轨迹的事物都可**

以激发创造力。例如，去海外交流学习一个学期就可以激发学生的创造力。为什么呢？**任何不同于我们平常生活方式的新体验，都可以给出我们看问题的新视角，**这就可以使我们的头脑更灵活、更具有创造性。

本章开篇提及的迈伦·斯科尔斯就对丰富的人生的妙处笃信不疑[28]。尽管斯科尔斯是一位科班出身的经济学家，但他并不会没日没夜地鼓捣数学问题和进行市场分析。通过广泛涉猎学术领域外的知识，他可以把其他学科的理论运用于自己的专业中，比如心理学、哲学、历史学等，这都有助于他开创性地分析人类的行为举止。斯科尔斯的秘诀是，从不过分钻研同一个问题，或是把自己局限于某一个学术领域。相反，他会花很多时间研究其他领域的问题，并进行一些跟自己的专业毫不相干的活动。

斯科尔斯解释说：“**你不能对什么都浅尝辄止，但是增加你的兴趣点是非常重要的**。当然，如果你的兴趣爱好特别分散，你会一无所成。但如果你过分钻研，就会毫无自由。因此，你需要一定的专注度和一定的多样性。”

斯科尔斯这种既要专注度又要多样性的理论或许可以用来解释“创新中心”（InnoCentive，美国一家开放式创新公司）的运行模式。“创新中心”是一个群众外包（crowdsourcing）[29]平台。针对许多研究开发公司提交的复杂疑难问题，“创新中心”通过“众包”的形式提供了各种天才的解决方案。比如，这些问题包括福特公司提交的发明汽车部件来优化驾驶体验的挑战；还有美国国家航空航天局提出的研发有关“地球独立性”的技术，使人类可以在太空中生存更长的时间。任何人都可以提供解决方案，每一项挑战都有明码标价。赢家可以获得高达1万美元到100万美元不等的资金补贴。

根据哈佛大学的卡利姆·拉哈尼（Karim Lakhani）[30]发起的一

项研究，那些在“创新中心”平台上帮助解决了问题的人很可能并不是该领域的专家，他们的专业可能只是稍微沾边甚至完全不相干。在接受《纽约时报》的采访时，拉哈尼说：“**答题者的专业跟题目所涉及的领域越是不相干，他们就越有可能给出可行的解决方案**。”[31]在他们的研究报告中，拉哈尼及其团队引用了一个例子——一个蛋白质晶体学专家解决了毒理学家无法搞清楚的毒理学问题。究其原因，正是这位蛋白质晶体学家所运用的解决方法对毒理学家来说很陌生，但却在解决该问题上非常适用。事实上，如果一个人的专业跟问题涉及的专业毫不相干的话，那么他解决该问题的概率将会增加10%。

腾出时间拥抱平静，保持安静

鉴于现代社会生活节奏如此之快，我们可以把平静和安静的状态看作另一种“多样化”的体验：与其奔波劳碌于不同的地方，不如保持静止；与其去做点什么，不如什么也不做；与其专注于工作事项，不如完全不去想它。冥想是一种最常见且有效的进入平静和安静状态的方式。

皮柯·艾尔（Pico Iyer）[32]是一位畅销书作家，同时也是《纽约时报》和《时代周刊》的特约记者，他的TED演讲已有超过200万次的播放量。他认为自己在抽出时间进行静思和内省的时候最有创造力，并且他**只有在静思的时候才能真正被外界事物所触动**。他甚至写了一本书，就叫作《静思的艺术》。

艾尔告诉我说：“**我文字的深度跟我沉静的程度是完全成正比的**。当我奋笔疾书，写下内容丰富的文章时，读者也会觉得这些内容瞬间灌满了他们的头脑——他们喜欢激昂的文字，但随后很快就忘得一干二净。但**当我用平静的方式写下安静和能引发沉思的文字时，**

读者也会自然而然地变得沉着安静，更容易与文字产生共鸣。”在工作、生活之余，艾尔专门为静心留出了一定的空间，在过去的24年里他曾经80次前往本笃会（Benedictine）隐修院[33]静养。他说：“我并不是一个特别虔诚的人，也从来不进行各种与宗教相关的冥想。**我们所需要的是静思、安静和空间**。”

有关安静的研究揭示了为什么它可以这么有效，并且可以帮助艾尔激发他的内在创造力。在2006年的时候，卢西亚诺·贝尔纳迪（Luciano Bernardi）[34]正在研究音乐对于生理的影响。他发现不仅音乐会影响病人的生理状况——比如舒缓的音乐可以降低心率、血压和呼吸频率，令他惊讶的是，那些被他用作实验对照的空白静默时间也可以对生理产生一定的影响。

事实上贝尔纳迪发现，**那些在音轨与音轨之间起衔接作用的空白片段，要比用来放松身心的音乐或是没有音乐间隔的纯声音轨，都更加令人放松**。从生理学角度来说，做一些短暂的“静音休息”可以带来最大的放松和镇定的效果。其他研究也显示，即便是毫无内容的宁静也有助于新的脑细胞的生长[35]。

安静的状态可以像活跃的状态一样有助于大脑生长，这听上去似乎有些匪夷所思，但是艾尔发现，**想要跳出固有思维模式、回归初心，最关键的是要将自己从社会的喧嚣中抽离**。然而，生活对我们的种种要求剥夺了我们激发创造力所需的闲散时间。我们需要7天24小时永远在线，我们每天使用的各种电子设备也在不停地干扰我们的生活。就艾尔而言，解决这个问题的方法并不在于改变我们的周遭环境（况且大环境也不是我们多数人所能改变的），而是改变我们与外界的关系及对外界的态度。从根本上来说，这是一个内在的过程。

艾尔解释说：“我们可以选择逃离脑袋里喧嚣纷扰的‘时代广

场’。大多数人都觉察到自己正在被这些喧闹的声音所吞噬，他们试图寻找一条回归静谧的道路，比如远足、爬山、出海、冥想或彻底断网。”

艾尔相信，当他可以透过世间的嘈杂倾听更深处的声音的时候，他便可以创作出最好的作品。他说：“**如果我们的世界和生活是一幅巨型帆布油画，当你只站在距离它2厘米的地方时，你是无法看到这幅画的整体结构和图案的，因为你离得太近了**。当我前去大苏尔的修道院静养的时候，有很多时间我什么也不做，就只是散散步或者在床上躺着。我确信只有在那样的环境氛围中，我才能被激发出比平常更新颖、更有趣的想法。”

静思也让艾尔避免陷于机械的时间安排，让他可以更自由地支配时间，这对于一名作家来说至关重要。“只要我在静思，我就能听到我内心最深处的声音，那些我在非静止状态听不到的一切都变得可以听见了。”

但是，不是只有像艾尔这样的作家才能享受静思激发内在灵感的益处。你不必是一位卓越的科学家、经济学家、数学家，也可以从静思之中汲取创造力的源泉。斯科尔斯则是通过日常的呼吸练习、冥想、去大自然里散步以及打高尔夫来达到这种境界的。他把自己在创意上的成功，大多归功于在解决问题时营造出的平静状态，这有助于看问题的新视角不费吹灰之力地浮现出来。斯科尔斯说：“这可以让你的大脑收集更多的信息，对自己固有的方法论提出挑战。它给你提供了看问题的新角度，让不同的想法、观点得以渗透，你旧有的看法也会受到挑战，更多信息被大脑所吸收。那些看似无关的事物，你可以轻松理解它们之间的关联。”

正如斯科尔斯所描述的一样，要想获得新的思维方式和做事方式，我们必须要让灵感得到渗透。享受一段安静的时光，不受外界刺激或信息的干扰，是完成这个创造性过程的最佳方式。

当然，静谧也会令人不太舒服。**当你的思绪在四处游走时，随之呈现的想法和感受并不一定都是愉悦的。一人独处、悠然闲适、安安静静，也可能会带来一些令人苦恼的想法甚至是焦虑感**。由于我们的大脑更倾向于关注一些消极的事物，你可能还会因此产生深陷其中无法自拔的感觉。不过，当你“爬”过这一阶段或是“走出”这些负面想法的时候（如果你习惯于通过爬山或是散步来静心的话），你会看到它们最终都会消逝，给你的大脑留出更多自由的空间。和任何练习一样，你越多地利用闲散时光，它就越会变得自然、愉悦。

把快乐重新注入生活

斯科尔斯和艾尔最大的人格魅力就是他们平易近人、诙谐幽默的性格。他们都时常面带微笑，语言风趣。他们对于这个世界的好奇心和热情就跟孩子一样，但又绝非幼稚。这点其实并不难理解。**另一个激活创造力的方式就是享受欢乐**。

没事儿的时候玩游戏、找乐子是孩子们与生俱来的生活方式。虽然以享乐为目的的嬉戏还存在于动物的世界中——这点相信每个养宠物的人都会认同，但是在成人的世界中已经被完全忽略了。除了那些刻意安排的玩乐时间，比如参加小区的周日足球赛或是陪孩子玩耍，**我们是唯一一种不会安排时间玩乐的成年哺乳动物**。

我们被生活的种种责任、世间的纷繁琐事和不计其数的待办任务所吞噬，常常忘记了要去玩乐。我们觉得没有足够的时间去玩耍，或是认为游戏早已和我们的年龄不符了。

在斯坦福大学，我协助开创了第一堂快乐心理学课程，并且教了一节课，内容是关于游戏背后的科学。我选择用一个小学生玩的游戏来说明玩乐给我们带来的情绪效应。我们围坐成一个圈，并选中一个人站在圆圈中间。外圈的人会互相使眼色、打暗号，然后交换位置，而站在中间的人则要试图在他们交换位置之前抢到他们的位置。尽管在刚开始的时候大家都很拘谨，但没过一会儿，这些大学生们的积极性就被点燃了。

游戏结束之后，我问他们感觉如何，他们都说很开心，忘却了烦恼，完全投入并享受这个游戏。其中一个学生，在做完游戏后兴奋地说："我还以为我们不会再有机会做游戏了呢。"而她才刚刚17岁。

在斯坦福大学，很多学生都像上了发条一样专注于学术成绩，总是在极力使自己更加成功。因此，有趣的活动都被搁置在了一边。作为成年人，我们会认为这些活动很幼稚无聊，纯属浪费时间。然而，这些活动对于激发我们创造力和创新性思维有着不可忽视的潜能，更别提它可以使我们身心愉悦。毕竟**英文中"娱乐"这个单词是recreation，它的词根re-create意为"再次创造"，也就是说娱乐的方式可以带来令人耳目一新的视角**[36]。

艾尔伯特·爱因斯坦有句名言："要想激发创造力，我们就必须学会像孩子般玩乐。"尽管作为成年人，我们可能丧失了玩耍的能力和童真童趣，但是若想重拾起来也很容易。在一项研究中[37]，一些参与实验的大学生被分成了两组来进行一项创造力测试。其中一组人的任务是假设今天学校的课程取消了，请列出想在这一天的空闲时间里做的事情。另一组人的任务也是一样的，只不过他们在列举事项的时候要想象自己是7岁大的孩子。实验的结果是，后一组所给出的例子要更有创造性。这项研究告诉我们，我们潜在的创造力并非像我们认为的那样被完全埋没了。要想激活它其实很简单，只需要我们发挥想象力就行了。

从科技研发到服装设计，无论是哪个行业的创意公司都知道玩乐对于激发员工创造力的重要性。谷歌在全球各地的办公室都很重视培养员工的趣味性创造力。例如，在苏黎世的办公室，你可以顺着消防钢管或是滑梯在各楼层之间穿梭。脸书的办公室配有DJ混音台和台球桌，以及其他各种游戏设施。意大利米兰的另类服饰公司Comvert，将一个老式剧院改造成了办公场所，并且把之前的观众席区域改成了滑板场供员工玩乐[38]。

玩耍对创造力有着积极的影响，因为它除了有助于我们放松神经，使生活多样化，还可以激发积极的情绪。实验表明，积极的情绪有助于增强洞察力和解决问题的能力。北卡罗来纳大学教堂山分校的芭芭拉·弗雷德里克森发现[39]，积极的情绪可以通过延长我们的视觉注意力来拓宽认知资源范围。**当我们感觉良好的时候，我们的注意力可以更广地覆盖到周围的事物上，我们可以纵观全局而不是拘泥于细节**。换句话说，当你感到陷入困境、无法想通一个问题，抑或是对一件事情无法释怀的时候，玩或许是可以帮你走出困境、想到好主意的途径。

罗莉·达斯卡尔（Lolly Daskal）[40]是一名给财富五百强公司做咨询的培训师。有一次，她被邀请讲一节战略课程，帮助公司的国际领导团队搞清其使命、愿景和价值观。达斯卡尔将他们从狭小的办公室里请到了一个空旷优美的地方来上课，那里有很多大落地窗，可以看到窗外宜人的风景。她希望这样的环境，可以激活他们的创造性想象力。但是即便是换了新地方，课程的讨论还是难以推进、毫无新意，并且极为死板。整个团队都觉得束手无策。达斯卡尔发现他们一轮一轮地讨论却毫无进展，这时她决定换个方式——她让所有人都停止工作、停止思考、停止讨论。

达斯卡尔把他们带到了室外，来到了一片她提前布置好的游戏区域，那里有飞镖、沙袋、塑料球和羽毛球拍。她让团队成员自由组合，放开来玩各种游戏而且要玩得开心。突如其来的娱乐消遣得到了所有人的积极响应，没过多久他们就都乐在其中了。你可以感受到大家互动时的轻松氛围以及摆脱了一整天严肃讨论的愉悦之情。

大概玩了1个小时左右，达斯卡尔让他们回到了室内。大家回来的时候都看起来精力充沛，不仅身心得到了放松，而且也准备好重新投入到工作当中。这次当达斯卡尔再问道："公司的宗旨是什么？"答案层出不穷，每个人都积极兴奋地参与讨论。问题很快就被轻而易举地解决了。通过让大家享受欢乐、在玩乐中放松下来，达斯卡尔帮助团队解决了工作上的问题。

正如愉悦和欢乐可以让你更有创造力，创造力反过来也可以给你带来幸福。你越是有创造力，生活中就越充满了快乐。尼古拉·特斯拉写道："我不认为有任何感觉可以超越一个发明家看到脑海中的灵感逐渐变为成功发明时的心灵冲击……这样的感觉可以让人废寝忘食，忘记亲朋好友甚至一切。"当你自然地激发内在创造力的时候，你就可以重获儿时玩乐的喜悦。你会进入一个良性循环——不断地给自己补充快乐和创意的原动力，这可以使一个成年人的生活既丰富多彩又充满欢乐和创造力。

这也是科学研究指出的：快乐是一把钥匙，可以打开禁锢我们创造力的枷锁。确保自己有一些闲暇的时间，但更要享受它，把它当作你远离工作的时间、自己独处的时间、放松享乐的时间。要抵制即刻满足的冲动。毕竟，当你在进行一些闲散的活动时，如果还一心希望能从中有所成就，那么这项活动也就变成有目的性的了，你的意识也会回到专注和焦虑期待的状态下。比如说，不要在遛完狗回到家时，心里还想着："糟了，我遛狗的时候怎么也没想出什么有创意的点子来改进我的演讲，而且我还错过了给银行打电话投诉多收费的机会！"

你可能会发觉那些有创意的想法有时会浮现在脑海中，有时则不会。不管怎样，这段整合放松的时间都会给你带来意想不到的长远好处。

不工作的时间怎么过?

你可能认为我们没有时间休闲、放松，其实我们都有。这不总是意味着你需要改变你的日程安排。有时候你只需要改变自己做事的方式就可以了。下面我就列举几个可以使你丰富日常活动、腾出时间静思以及参加娱乐活动的例子。

丰富你的活动

就像亚当・格兰特[41]指出的那样，我们总会在闲散、不工作的时间里做一些需要集中注意力的活动：在工作闲暇时间，你可能会查查新闻、看看明星八卦、刷刷朋友圈、读读App的推送文章或是发发短信。相反，你应该做一些无需投入注意力的事儿，比如做做伸展、听听音乐、散散步或者打扫打扫卫生。

在工作的时候，把需要投入大量脑力的活儿（如写规划）和不太费脑的活儿（如录入数据）交替安排。无论你从事什么职业，你都可以分辨出哪些事务要更具有挑战性。

如果你的工作大多为脑力劳动，你可以学习更多实际的技巧来放松脑子，比如学习如何给车子换机油、烧泰国菜，学习一种乐器或是做按摩。如果你的工作更多的是需要动手或者与人相关，那么，提高丰富度对你来说可能是指学习一门新的语言、学习下象棋或者朗读诗歌。

努力丰富你的兴趣爱好。你通常是不是会读很多与自己专业领域相关的书籍和文章？如果是的话，那你可以尝试换一个完全不同的阅读类别，比如趣味书籍、经典文学或者大众杂志；看看跟你工作完全无关的电视剧或纪录片。如果你喜欢社交，那你可以参加一些从没尝试过的活动的兴趣小组，比如双人瑜伽或是户外骑行。你是不是常常久坐在办公室或车里？那么选择户外运动而不要闷在室内健身房，你可以去游泳、爬山或是滑雪。

腾出时间静思

有时，我们需要一个精心安排的环境，使自己从工作中解脱出来。有很多与冥想、养生、瑜伽和远足相关的静修会，都是不错的选择。刚开始的时候要循序渐进，可以先从一个为期一天或是一个周末的静修课程开始。

如果不太适应静修会或冥想，你可以选择适合自己的静思方式。我们每个人都拥有的静心方式就是走进大自然。无论你是在城市还是郊区，你都可以在工作之余去大自然里走走。就连高楼密布的曼哈顿，也有各种植被环绕、鸟语花香、生机盎然的角落。大自然就在我们身边，但我们常常忘记它的存在。当你漫步于大自然中时，就不要再查看手机了，抬头仰望一下参天大树和蓝天白云。事实上，最好把手机丢在家里。

冥想是一项安静的活动。冥想有很多种不同的方式，其中有一些可能需要你投入大量的精力和注意力。如果你的生活和工作已经耗费了很多精力，你或许想选择一些不需要太专注的冥想方式。开放冥想（open awareness meditation）和自然三摩地（sahaj samadhi）

就是不需要高强度注意力的冥想方式。选择你觉得合适的冥想方式。很多工作单位现在都意识到了这类活动的益处，给员工提供了多种冥想和瑜伽课程，供他们自由参加。

你可以在无聊的日常活动中引入一些安静的时间。比如开车去上班的时候把收音机关掉，享受安静；吃饭的时候面前不要开着电脑；不要一边叠衣服一边看电视或是煲电话粥。

纵情玩乐

想想什么可以让你开怀大笑，是去听小品相声、看滑稽喜剧还是学笑话段子？你甚至可以参加一个大笑瑜伽（Laughter yoga）[42]俱乐部，他们的课程是专门训练放声大笑的。

加入运动俱乐部（虽说这也是一项有组织的活动，不过有胜于无），或者试着学习一些有趣的运动项目，比如钢管舞、蹦床或秋千。

参加你认为有趣的游戏。可以是桌游、棋牌游戏、填字游戏或飞镖。可能你还喜欢制作飞机模型和拼乐高玩具，你也可以买一个乒乓球桌或台球桌。不过要小心，千万不要胜负心太强，把游戏当成了比赛。

找一个玩伴。小动物、小孩子们总是处于游戏和欢笑之中，找机会跟你或亲戚朋友家的孩子、宠物一起玩耍吧。

但现实生活中，由于我们太忙，我也知道对大部分读者而言，上述“专家建议”只是“建议”而已，放下书还能真正落实的人总是少之又少，因为要做到上述这些，我们就得做一些“牺牲”。你可能会觉得，抽出时间放松，自己满满当当的“待办事项”好像就完不成了，自己就不能7 × 24小时随时回复手机消息。但事实上，欲速则不达，这种放松其实会让你走得更快，甚至对你的职业发展和个人成功有着重大的意义，完全是值得的。

创造力和随之而来的成功并不是把精力专注地投入到目的性强的活动中后才会出现的。它们来自闲散、愉悦、静思、平和与放松之中。出门散步、坐在阳台上休息、读一本和专业不相干的小说、做一些有意思的事，这些事情听上去似乎并不能帮你拓展思维，想出解决问题的方法。但事实上，**正是由于这些自我放松和愉悦的时光，最绝妙的想法才可能灵光闪现**。你通过享受闲暇时光、丰富自身活动、找时间静心和玩耍，所能获得的极大的心理幸福感，可以很好地帮助你走向成功。

本章注释

[1]出自作者2014年2月8日对迈伦·斯科尔斯的采访记录。

[2]出自《智力》期刊2014年第45卷由大卫·Z. 汉姆布里克等人所著的《刻意练习：这是成为专家所需的一切吗》。

[3]出自由科恩·弗瑞于2014年6月13日所写的《根据科恩·弗瑞调查：84%的主管因为“工作需要”取消了休假》。

[4]出自《华盛顿邮报》2015年2月16日由布兰登·罗丁豪斯和贾斯汀·沃恩所著的《最新美国总统排名将林肯排第1，奥巴马排第18；肯尼迪最被高估》。

[5]出自《高尔夫文摘》2008年4月的《1000+个喜欢艾克的理由》。

[6]出自IBM于2010年5月18日的新闻发布会，题为《IBM2010年全球首席执行官研究：创造力被选为未来成功最重要的因素》。

[7]出自《科学美国》期刊2015年3月由W. 伯纳德·卡尔森所著的《梦想发明家》。

[8]出自《纽约时报》2006年1月31日由亚瑟·I. 米勒所著的《天才在他人的音乐中获得灵感》。

[9]出自由爱丽丝·卡拉普利斯编纂的《爱因斯坦语录延展版》。

[10]出自《时尚先生》2013年8月8日由卡尔·福斯曼所著的《伍迪·艾伦：我所学到的》。

[11]出自《TED演讲》2009年2月由伊丽莎白·吉尔伯特所讲的《你那难以捉摸的创造天赋》。

[12]出自作者2014年2月5日对斯科特·巴里·考夫曼的采访记录。

[13]出自《心理科学》期刊2012年第23卷由B. 贝尔德等人所著的《分心的启发：思绪漫游有助于酝酿创造力》。

[14]出自《思考和推断》期刊2011年第17卷由马雷克·B. 维特和露丝·T. 扎克斯所著的《每天不同时段对解决问题的影响：非最佳时段成为最佳时段》。

[15]出自萨尔瓦多·达利所著的《神奇技艺的50个秘密》。

[16]出自作者2014年2月5日对斯科特·巴里·考夫曼的采访记录。

[17]出自美国广播公司财经频道2011年9月30日由辛迪·珀曼所著的《孩子们的发明》。

[18]出自《巴勃罗·毕加索：画作、名言和生平》中的《巴勃罗·毕加索的名言》。

[19]出自YouTube视频网站2011年12月收录的乔治·兰德的《成功的失败》。

[20]出自《创造力研究》期刊2011年第23卷由金希景所著的《创造力危机：创造力测试中分数的下降》。

[21]出自《中学天才教育》期刊2005年第16卷由金希景所著的《对于“只有聪明的人才有创造力吗？”的荟萃分析》。

[22]出自《科学》期刊2014年第4卷由提莫西·D. 威尔森等人所著的《想想：不投入的头脑面临的挑战》。

[23]出自作者2014年2月5日对斯科特·巴里·考夫曼的采访记录。

[24]出自《实验心理学》期刊2014年第4期由玛丽琳·欧派佐和丹尼尔·L. 施瓦泽所著的《给你的点子插上双脚：散步对创造性思维的积极影响》。

[25]出自《组织科学》期刊2006年第4期由金伯利·D. 埃尔斯巴赫和安德鲁·B. 哈格顿所著的《通过不费脑的工作提高创造力：一个工作日设计框架》。

[26]出自作者2014年3月6日对亚当·格兰特的采访记录。
[27]出自作者2014年3月6日对亚当·格兰特的采访记录。
[28]出自作者2014年2月8日对迈伦·斯科尔斯的采访记录。
[29]又称“众包”，指一个公司或机构把过去由员工执行的工作任务，以自由自愿的形式外包给非特定的大众网络的做法。
[30]出自《哈佛大学商学院工作报》2007年由卡利姆·R. 拉哈尼等人所著的《科学解决问题的开发性价值》。
[31]出自《纽约时代》杂志2008年7月22日由柯妮丽娅·迪恩所著的《如果你有问题，问所有人》。
[32]出自作者2014年1月12日对皮柯·艾尔的采访记录。
[33]本笃会是天主教的一个教派。在美国，依附于教会的隐修院也对非信徒开放。皮柯·艾尔前往本笃会隐修院的行为类似于中国人去寺庙进行禅修静养。
[34]出自《心脏》期刊2006年第92卷由L. 贝尔纳迪等人所著的《音乐对音乐家和非音乐家的心血管、脑血管和呼吸的改变：安静的重要性》。
[35]出自《大脑结构与功能》期刊2015年第220卷由I. 克里斯蒂等人所著的《安静有那么好吗？听觉刺激和无听觉刺激对成人海马体神经产生的影响》。
[36]出自在线词源字典的“娱乐”。
[37]出自《美学、创造力和艺术的心理学》期刊2010年第4卷由达雅·L. 扎布丽娜和迈克尔·D. 罗宾森所著的《儿童玩乐：培养创造力的原创性》。
[38]出自《收入》由乔什·邓洛普所著的《20大最厉害的公司办公室》。
[39]出自《认知和情绪》期刊2011年第19卷由B. L. 弗雷德里克森和C. 布兰

尼根所著的《积极情绪拓宽注意力范围和思维行动能力 》。

[40]出自作者2015年4月18日与罗莉·达斯卡尔的邮件往来。

[41]出自作者2014年3月6日对亚当·格兰特的采访记录。

[42]也译作“笑瑜伽”，来源于印度，是一种将具有减轻痛苦的效果的大笑与腹式呼吸和冥想结合的瑜伽形式。

Part 5

你与自己的关系影响你的潜力

以其终不自为大，故能成其大。

——老子

辍学的耶鲁“美女学霸”

这是一个发生在耶鲁大学的真实故事。

我的闺蜜劳拉是个标准的“人生大赢家”——正面看是模特脸，侧面看是波涛汹涌的火辣身材，背影像是广告片里的美国金发佳人，转过头看更是“回眸一笑百媚生”——男生的下巴都要掉了。这都不算什么，关键是人家不仅凭实力考上了耶鲁大学，而且是耶鲁大学里为数不多可以全部科目成绩都拿到A或A+的超级学霸——女生的下巴也掉下来了。

这种女生，简直就是耶鲁版“明明可以靠脸吃饭，偏偏要拼才华”的代言人，她们似乎就是上帝创造出来嘲笑我等凡夫的。

然而，这位走到哪儿都是耶鲁风云人物的“美女学霸”，却在大二之后离奇辍学了。

“嚯……”耶鲁的校园里开始议论纷纷。

在外人看来，劳拉的辍学举动很不可思议，这位姑娘绝对配得上“前途无量”4个字——高智商、高颜值、高学历，是“上帝不仅给了她一张好看的脸，还没忘记给她装一个好脑子”的典型代表。

那么到底原因何在?

劳拉从记事起，就一直是个“别人家的孩子”——品学兼优，样样是同龄人的榜样。她的世界里只有“完美”，不允许有“失败”。这种对失败的恐惧，让她在选课时，只会选择那些自己有把握拿高分的科目。

然而，大学课程的难度毋庸置疑要高出许多，尤其是在耶鲁这样全球学霸云集的名校，成绩不如意、遇到瓶颈也是很正常的事。可是劳拉不这么看。当自己成绩稍有不理想时，她会马上对自己要求更加严格，鞭策自己要更加努力、更加投入，生生在一群学霸中杀出一条血路来。这种信念确实让劳拉拥有了“人前显贵”的一切，但也让她的每分每秒都陷入“永争第一”的心力交瘁中。

故事的结果，大家可能都猜到了——劳拉患上了重度抑郁症和焦虑症，最后不得不辍学。她跟我说：“我觉得自己整个人都扭曲了，一直在不停地批判自己。”

生活和工作中难免有不如意，有人看着所向披靡，有人看着萎靡不振。前者一直被我们的文化鼓励，后者总沦为反面教材。这两种人最深层的区别何在？**答案就在他们与自我的关系上，尤其是他们对自己的信念和他们对待自己的方式**。

事实上，**我们中的大多数人，在追求成功的道路上一点也没有善待自己**。“扬长避短”是我们从小就坚信不疑的成功口诀，坚信到从没有人反思过它是否错了。似乎要想成功，就必须发挥我们的长处，就必须发现我们擅长做的事情并且坚持下去，因为想要弥补我们的短处似乎不大可能。如果我数学不好，那最好不要去学会计或是工程；如果我不善与人沟通，那就别去做销售……然而当我们不得不面对我们的弱点时，我们会迫不得已地开始批判自己。自我批评使我们能够正视自己的弱点、保持积极进取并坚持脚踏实地。正是这种自我鞭策让我们变得更加优秀。

然而，近年来的研究结论却让人大跌眼镜——了解自己的长处和短处当然是有好处的，但是，**如何看待这些长处和短处决定你将会成功还是失败**。你对自己的看法（你认为自己的长处是有限的吗），以及你面对失败与挫折时的态度（你是会以最严厉的方式批判自己，还是会把自己当成好朋友般劝解），都会对你的个人生活及事业产生巨大的影响。

相信自己可以不断拓展长处而不把自己局限于自身的优势领域，能够做到自我同情而非一味地自我批判，那么你在面对失败时就会更加坚强，能够吸取经验教训、获得成长，甚至还会发现意想不到的机会。如此这般，你会变得更懂得感恩、更幸福快乐，而且你获得成功的概率也会翻好几番。

天赋决定成就吗？

我们通常会认为，那些大歌星、大作家、大影星或是大企业家之所以与我们普通人不一样，是因为他们具有特别的强项。我们相信他们有特殊的天赋——艺术细胞、经济头脑或其他通向成功的窍门。

在我们看来，他们的成功取决于其大于常人的天生优势，我们之所以达不到他们的高度，是因为我们天资不够。而不管是在哪个方面，有没有“天赋”都是天生的，并不是你可以左右的。

我们对于自己的长处也抱有类似的观念。例如，你会认定自己是否是一个数学天才、社交达人或创意高手。最终你会相信，如果你很幸运地在某些方面天赋异禀，那么你注定会成功。你只不过是按照上天的安排行事罢了。

这种“天赋决定成就”的认知其实是一种谬论，尤其是当我们面对失败和挑战的时候，会产生严重的副作用。斯坦福大学发展心理学家卡罗尔·德韦克花了几十年的时间研究孩子和大人们的“自我信念”。在卡罗尔的早期研究中，她发现学校里的孩子在做不出有难度的数学题时，会有两种截然相反的反应：要么失去动力，彻底放弃，导致什么新的知识也学不到；要么越发有干劲地继续不懈努力，从而学到了新的解题技巧。是什么决定了他们会做出这样的反应呢？如果他们相信天赋、相信我在前面所描述的关于成功的谬论，那么他们在无法找到答案的时候，会认为自己就是没有解题的能力而轻易放弃。这样一来，他们不仅没有学会这道题目所蕴含的数学知识，更严重的是，**他们会对自己的数学能力和自身整体越发不自信**。

经过几十年来对多种失败案例的分析，德韦克指出，她在孩子们身上观察到的这种心理现象是普遍存在的，并且给任何年纪的人都能带来同样的负面效果：在学习新技能、步入一段新感情、开始新工作的时候，每当面临挫折或失败，你都会觉得只是因为自己没有那份天赋，很快就会放弃，而你的心理也会受到打击。这是为什么呢？

迷信天赋会导致以下的逻辑：“如果我没法成功构建某种金融模型，那么说明我根本就不是块搞金融的料。我就不应该做金融。”

当你在某件事情上失败的时候，你会片面地认为自己在这方面“无能”，你会让自己在该领域更没有自信心，妨碍自己从失败中学习新的技能与经验。而**如果你停止对自己所擅长的领域之外的事物进行坚持不懈的探索，那么你的知识范畴和能力将无法得到拓展**。

这种停滞尤其会阻碍一个人的职业发展，特别是你所从事的行业时刻都在发生日新月异的变化时——我们很多人都处在这样的工作环境中。例如，如果你所在的行业正在向中国或日本拓宽业务市场，那么你或许想学习中文或日文来给自己创造更多机会。但是，如果你觉得学语言并不是你的强项，你可能压根都不会去尝试，你认为自己没有语言天分的信念也必然会不断地外化成现实。你的知识和技能也极有可能将永远局限在你自认为是强项的领域之内。

当然，这并不是说你不应该从事对你而言得心应手的工作，或是那些你天生就很在行的方面。但是，各项研究都在苦口婆心地论述着一个事实，就是**你不应该让自己只局限于那些你擅长的、得心应手的领域内**。你可能在其他方面有着无法估量的潜力等着你来发掘呢。

假如R. H. 梅西在他最早开的5家商店倒闭之后认为自己不是从商的料的话，他就不可能在这之后创立了如此成功的梅西百货。假如比尔·盖茨在自己创立的第一家公司（名为“Traf-O-Data”）失败之后，认为开电脑创业公司不适合他的话，他就永远也不会创立之后的微软。假如希奥多·苏斯·盖索（Theodor Seuss Geisel），也就是久负盛名的儿童文学作家苏斯博士，在他的第一份手稿被拒20多次后得出自己不是个好作家的结论的话，他就永远也不会创作出那么多具有划时代意义的儿童文学作品。

或许更重要的是，如果你只迷信天赋而成功又迟迟没有降临——你没有考上理想的大学、没有得到心仪的工作、没有获得应有的晋升、没有找到合适的伴侣，你就会身陷绝境、情绪崩溃。你会变得很绝望，因为你不相信自己可以在这些领域有所进步。研究结果也不出意料地显示，那些迷信天赋的观念跟重度抑郁症[1]是有联系的，也许其中部分原因就是——这种观念将会引起过度的自我批评。

自我批评=自我伤害

尽管很明显，严厉的自我批评会给我们带来严重的负面影响，但我们还是会经常这么做，因为我们相信这是为自己好。“我太懒了。”“我太容易放弃。”“我不够聪明。”通常我们受到的最严厉的批评来自我们自己。我们还相信自我批评可以激励我们进步、提升我们的水平。毕竟，如果连我们都不对自己负责的话，还有谁会呢？还有一些人甚至会标榜自己是多么有毅力、有干劲。在他们身上你看不到任何一丝松懈，严于律己对他们来说就像是一块荣誉勋章。和劳拉一样，很多人都不会质疑自身自我批评的习惯。我们甚至都不会意识到自己有这个习惯，即便能够意识到，也不会质疑它给我们带来的影响。

但是研究表明，**过分自我批评会危害心理健康，降低成功的概率**。得克萨斯大学人类发展学副教授克莉丝汀·内芙（Kristin Neff）指出，**自我批评是焦虑症和抑郁症的一项重要前兆[2]，自我批评非**

但不能成为动力的来源，相反，还会阻碍你在失败之后继续挑战和尝试，因为你会害怕再次经历失败。

我们的大脑里存在两种相互矛盾的观念：一方面，我们渴望成功；另一方面，我们又害怕失败[3]。当对于失败的恐惧达到一定程度，它就会直接成为阻碍成功的绊脚石——表现在以下几个方面。

- **对失败的恐惧感使你无法正常发挥。**对有关运动员的研究表明，他们对于比赛失败的恐惧就像一个预言，往往会在最关键的时候自我应验。比如，一位田径运动员为一场重要的比赛苦练数月，结果却在赛场上失足摔跤[4]。
- **对失败的恐惧感使你轻言放弃。**害怕犯错和失败会让我们产生深深的不安和焦虑，所以我们面对挑战的时候会过早地放弃。毕竟如果我们失败了，那么我们将面临潮水般的自我批评[5]。
- **对失败的恐惧感使你难以做出正确的决定。**研究表明，对失败的恐惧会让你变得焦虑紧张，以至于你会丧失学习兴趣并更倾向于选择投机取巧、走捷径的方式，比如作弊[6]。一项针对创业者的调查显示，那些非常害怕失败的人往往会忽视投资方不道德的商业行为，糊里糊涂地卷入不靠谱的合作关系中[7]。
- **对失败的恐惧感会让你迷失初心。**对失败的恐惧甚至会导致你背离自己渴望的事业道路。我的朋友劳拉告诉过我，由于她把精力都放在了如何提高成绩而非自己的兴趣爱好上，所选的科目也都是那些自己可以拿高分但不是真正喜爱的，她背离了自己的初衷和真正的意愿。劳拉解释说："这也导致了我在向职场转变的时候感到一片茫然，因为我不知道自己究竟喜欢什么。而且，我还发现工作的时候不像是在学校里会有定期考试打分。我花了大概5年多的时间才在工作上找到了一些满足感，而且在这之前我经历了充满挫折的起步阶段。”

自我批评不仅仅会加深对失败的恐惧，而且总是过分严苛地批评自己还会让我们只关注自己的缺点，这会给我们的心理带来极大的负面影响。正如我在上一章提到的，我们很容易关注到负面的事情——研究表明，我们的大脑有“消极偏见”（negativity bias）。我们对事物的看法会倾向于消极，对我们的大脑而言，坏的事情比好的事情要严重得多。虽然这种消极的心理机制可以帮助我们的祖先发现潜在的危险从而使之得以存活，然而在当今的时代，我们的消极偏见不管是对所处的环境，还是对自我评判，都是有害的。

我们如此 “钟爱” 负面的事情，以至于我们看世界的视角都是扭曲的。谢莉·盖博（Shelley Gable）和乔纳森·海德特（Jonathan Haidt）的分析[8]指出，即使我们经历的正面、积极的事情是负面、消极的事情的3倍，我们还是会更加关注负面、消极的那些。该研究表明，如果我们可以实事求是地看问题，我们也许会产生积极的倾向，因为我们生活中75%的事情是相对正面的。然而，我们在生活中过于关注消极的方面，以至于常常都注意不到正面，更别说去享受我们已经拥有的事物了。

人们对于自己的看法往往也是如此。**你总是自我批评，是因为你过度地关注自己的错误与缺点**。如果你正在做年终绩效考核，你可能会发现在做自我评价的时候，你会想起那些被你搞砸的项目、写得一团糟的报告以及跟老板发生的一些不愉快。假如你的经理“出乎意料地”给你一通嘉奖，盛赞你今年的种种成就，但同时也提出一两处他希望你可以改进的地方，你可能仍旧会只关注那些负面的评价。

另一个会加深消极偏见的习惯是我们常常把自己获得的成绩当

作是理所当然的。如果你的目标是成为一名出色的研究员、作家、大厨，你可能要花上很多年的辛勤努力去达到你的目标。但是，当你达成目标的时候，你会发现自己仍然不满足。为什么呢？因为**我们除了会关注消极方面，还会把生活中好的方面当作是理所应当的，这种现象在心理学上叫作“习惯化（habituation）”**。尽管你可能会时不时地感受到强烈的幸福和满足感，比如你刚刚赢得了值得庆贺的升职机会，或是在你的专业领域内获了奖、得到了公众的认可，但是随着时间的推移，这些事情无法再给你带来源源不断的喜悦感，因为你已经习惯了。

由于我们对于负面情绪的倾向，自我批评的习惯只会进一步加深这种消极感，扭曲我们对自己的认识并且进一步危害我们的成功和幸福。我不是说你应该忽视你的缺点，避免一切自我批评，而是——比如你有严重的拖延症以致常常不能按时完成任务、影响了工作的质量、增加了自身的压力，那么你可能确实需要反思一下该如何改掉拖延的习惯。**了解自己的缺点叫作“自我认识”，这和严厉的自我批评之间有很大的不同，**后者只会使已经紧张的状态雪上加霜，其实这会妨碍你发挥最大的潜能。

如果你一方面相信成功依靠的是天赋或强项，另一方面又倾向于自我批评，结果导致自己获得成功的可能性大打折扣，那你应该怎样改变这些观念，更有效地获得成功呢？研究证明，**与其相信天生强项，不如相信自身努力；与其习惯自我批评，不如学会“自我同情（self-compassion）”**。

相信努力还是相信天分？

就连被誉为天才的爱因斯坦也对强项理论表示不买账。他曾说过：“失败是成功的必经之路。”爱因斯坦正确地理解了强项并不会凭空出现，而是需要不断地发展与强化的道理。

怀有这样的信念对爱因斯坦来说是件好事。爱因斯坦小的时候，很晚才学会说话和写字，以至于他的家人都怀疑他的智力有问题。后来他还被学校开除，没能考取苏黎世联邦理工学院。当他好不容易完成大学学业之后，他也是全班唯一一个没有被授予教师职位的人。如果爱因斯坦相信所谓的强项理论，那么他会认为自己不具备成为一名科学家的能力。相反，由于他相信自己的能力是可以发展的，他没有被失败击倒，继续自己的科研道路，使物理学得到了革命性的发展，最终获得了诺贝尔奖[9]。

神经科学的研究数据明确显示，**我们的大脑在一生中会不断地产生新的神经通路**。大脑本身就是用来拓展和学习新事物的——尽管某些特定的技能要好学一些——我们从骨子里就是要学习、发展、精通多个领域的技能，比如你可以既会拉小提琴又学会了开车，既能够写一手漂亮的书法又轻松通过了注册会计师考试。

所以，究竟是什么决定了我们能否学会新的技能？这很大程度上跟我们的信念有关。德韦克的研究显示，**那些在面对失败时坚持不懈的人和轻言放弃的人之间最大的区别，就是坚持不懈的人相信他们可以不断发展与强化其长处，而不认为强项是与生俱来的**。他们懂得只要持之以恒，任何事情都可以有所进步。正因为如此，**他们可以从犯下的错误里汲取教训，面对失败时可以更加坚强，最终凭借着更强**

的自信心获得更多的成就[10]。他们面对的挑战、他们面对的难题或是错误都不能给他们下定义，那些只不过是令人兴奋的冒险，绝佳的学习和成长机会。当我还在斯坦福大学读研究生的时候，德韦克分享了一个她曾经教过的学生的故事。那个学生在德韦克的课上遇到了一道数学难题，绞尽脑汁也解不出来。然而他兴奋地跑回去继续研究这道题，并且喊道："我爱挑战！"

马云出生于中国浙江省杭州市的一个穷苦家庭。在最终被杭州师范大学录取之前，他不仅考砸了一次，而且是两度高考落榜。完成学业之后，他投了数十份简历结果都被拒之门外。最后，他找到了一份月收入仅为12美元的英语教师的工作。由于工作原因，他曾作为翻译出访美国并接触到了互联网。深有感触的他回国成立了两家互联网公司，但是都失败了。但是他坚持不懈，最终成立了阿里巴巴集团。如今，他是中国首富，身价达到了390亿美元[11]。

假如马云只是坚信所谓的强项理论，那么他只会局限于他所擅长的领域——教英语。毕竟，马云在开始探索电商之路以前，没有写过一条代码，也没有太多销售经验。但是，马云认为如果他失败了，他可以从中积累更多的经验，正是抱着这样的信念，他才会对未来充满信心。他说："我觉得做一件事，无论失败与成功，经历本身就是一种成功，你去闯一闯，不行你还可以掉头。"[12]

马云的故事告诉我们，**你看待自己的角度可以决定你的身心健康、自信和成功**。当你不可避免地要面对失败时，它可以预示你是否能找回状态、逆转局势，也可以预测你是否能够接受挑战，把握新的机遇并不断学习新的知识和技能。

在新的征途中，我们不免会遇到新的挫折与失败。当这些挫折与失败开始出现的时候，你应该停止自我批评，并且以更加积极的心态审视自己，这样才能提高成功的概率。

自我同情与感恩

劳拉意识到她应该改变看待自己的态度，即使是面对种种社会压力，也要改掉过度自我批评的习惯。那个时候她跟我说：“我得离开这里，才能学会让自己放松一些。”但是很多人并不会像她一样在这么年轻的时候就聪明地意识到这一点。相反，我们渴望上紧自己的发条、加强对自己的约束，因为我们认为应该不断提高对自己的期望值。

在经历了一段自我毁灭的生活之后，劳拉停止了对自己过分的要求和自我批评。她开始用温柔的方式对待自己，比如对自己更友善，对自己的缺点给予更多的包容，并且以更广阔和睿智的视角来看待问题。总体来说就是，她学会了学者们所说的“自我同情”。

她不再把全部注意力和精力都投入到学术或竞技目标上，她改掉了只受外部因素驱动的习惯。她变得越来越能体察到自己的需求，在遇到挫折的时候能够安慰、激励自己。不久，她灿烂的笑容又回来了。她继续保持着自己出色的成绩，但不再以消耗自己的身心健康为代价。

科学研究也证明了劳拉自主做出的改变是有依据的：**自我同情是决定心理恢复力和获得成功最基本的因素之一。相比自我批评会让我们意志薄弱、心烦意乱，自我同情才是强大内心的动力之所在。**

那么究竟什么才是自我同情呢？自我同情就是像对待一个受挫的朋友或同事那样对待自己：以理解的心态去倾听，而不是通过谴责或是评判来增加烦恼；明白犯错是很正常的事，会鼓励并安慰自己。内芙[13]是自我同情方面的领头学者，她提出了自我同情的3个组成部分。

1. 对自己好一些。自我同情包括体谅自己、对自己有耐心，而不是羞辱、批评或者强烈谴责自己。它需要你和自己建立一个积极的、鼓励的对话关系。内芙提出了以下几种跟自己对话的方式：告诉自己“失败没什么大不了的，这不意味着你是个坏人或你对自己做的工作很不在行”；“我相信你并支持你，而且我知道你可以做到”；“我觉得你应该做一些改变，让自己更加开心一些”。

2. 理解人非圣贤，孰能无过。亚历山大·蒲柏（Alexander Pope）曾写道：“犯错乃人之常情。”知道每个人或早或晚都会面临失败，这会让你在失败来临的时候不那么苛刻与沮丧。你会把失败当作一件平常的事情来看待，也就不会被它所打倒。你告诉自己：“这可能发生在任何人身上。”“每个人都有遇到失败的时候。”“失败乃成功之母。”你会意识到自己的职业和个人生活中还有很多方面需要学习、积累经验、磨炼技能，这样每天你都会准备好以更大的决心来弥补那些弱项。

3. 正念（mindfulness）。正念就是有意识地觉察并正确认知自己的思想和感受，在一定距离下以客观的视角观察它们，不对其进行过分认同。就像是透过窗户观察外面的狂风暴雨一样，当强烈的情绪来袭（包括对自己感到生气）的时候，不要被情绪所左右，而是以旁观者的姿态观察自己内心的想法和感受。正念不是说要抑制或是否认这些感觉，而是强调专注于当下，专注于感觉本身。内芙推荐了以下几种通过正念去触碰你的想法和情绪的例子：“这个问题现在真难。”“对你现在的处境，我也很难受。”“所有的不快都会过去的。”

作为斯坦福大学“同情与利他主义研究及教育中心”的科学主管，我深深地了解，一个包含“同情”的词会给人一种软弱或是理想主义的第一印象。但是**自我同情一点也不软弱，而是明智之举**。它可以使你在不摧毁自己的前提下获得成功。

我要举例说明的是，自我同情并不意味着当你失败或者犯错的时候马上逃离困境，而是意味着**你可以用更有建设性的方式面对挫折，从中汲取教训而不是一味自责**。自我同情同样也不是说对自己的缺点视而不见。在一项试验中，参与者被要求在一场求职面试里描述自己“最大的缺点”，内芙发现当人们面对类似有威胁性的情况时，具有极高自我同情度的人和低自我同情度的人会用差不多数量的消极词语来描述自己。但是，内芙发现在面试结束后，自我同情度高的人更少感受到焦虑[14]。内芙在其他的研究中也发现，**自我同情可以使你无论在赞扬和批评面前都能做到不卑不亢、内心坚强[15]**。换句话说，因为你能够接受自己的优缺点，所以当面对他人看法的时候，不会表现得那么脆弱和容易受到影响。

内芙的研究还表明，当你自我同情的时候，你可以展现出自身最好的一面。相对于自我批评，自我同情可以帮助人们成功[16]，并且能带来一系列的积极效应。

- 更好的心理健康水平
- 更少的焦虑、压抑和紧张[17]
- 更多的幸福感、乐观心态、好奇心、创造力和积极情绪[18]
- 更健康
- 减轻由于压力引起的细胞炎症[19]
- 减少皮质醇[20]（跟压力相关的激素）
- 更强的心率变异性，这个心理学指标表示一个人能够从高压环境中更快恢复的能力[21]
- 更好的专业和个人能力
- 更强的动力[22]
- 更好的人际关系[23]
- 减少对失败的恐惧和增强愿意再次尝试的决心[24]
- 更强的意志力[25]
- 更广的看待问题的视角以及在困难时期更不易被压垮[26]

虽然关于自我同情和过度自我批评之间的进一步的生理学研究还在进行当中，但共情方面的研究学者保罗·吉尔伯特已经设想出了一个简单的模型。严厉的自我批评会激发交感神经系统（战斗或逃跑反应），并且会提升像皮质醇这样的应激激素水平。当这种刺激掌控了我们的时候，我们就不能学习或是接触到那些可能对我们有用的事实的精髓。相反，自我同情会激发哺乳动物的关怀系统，与亲密和爱情相关的荷尔蒙——催产素也会随之释放。催产素又被称为“拥抱激素”，会在拥抱、做爱和母亲哺乳时释放，跟身心健康息息相关[27]。自我同情使我们能够不被反馈意见所摧毁，而是从中学习、借鉴。

自我同情最难的部分就是遏制我们关注消极事物的心理倾向。

由于消极心理、偏见和习惯化，我们很容易就会开始自我批评。然而有一种习惯却可以帮我们免受这种消极倾向的影响，那就是感恩。**感恩的心态可以让我们更好地意识到生活中积极的方面，注意到自己身上的闪光点，以此来平衡我们的消极偏见**。感恩有助于我们以更平衡的视角看待问题，有助于我们获得成功与幸福。

俄亥俄州的国会议员蒂姆·瑞恩（Tim Ryan）是史上最年轻的国会议员[28]。2003年他才29岁，就获选议员，他的故事完美地诠释了我在这本书里所描述的通往成功的幸福轨迹。他忠于自己的价值观，热忱地宣扬他所相信的理念，哪怕有时候这些理念并不能给他带来任何政治利益。当你见到瑞恩议员本人的时候，你会发现他不仅是个成功人士，而且十分满足、安心、喜悦。

其实，瑞恩议员日常需要打理的问题也不乏挑战。他说："这个世界可以是非常黑暗的，如果你选择这么看。不管是在华盛顿特区，还是在地方办公室，当人们掏出了刀子，气势汹汹地想要伤害你的时候，你怎样才能不被这个世界的黑暗所击败？"作为国会议员，无论瑞恩在国会做出怎样的决定，都难免会面临不计其数的斥责以及对手们的攻击。

"面对周围各种消极的事物，有时确实很难做到保持乐观，不过你还是需要停下手头的事情，做做深呼吸。所以能够在一个充满感恩、感激和相互欣赏氛围的环境中工作是至关重要的。"瑞恩议员能够将他面对消极事物时的感受转化为感恩之情，而不是挫败、自我批评或怒火中烧。当面临如此多的敌意的时候，感恩是最能达到自我同情的做法了。这使他可以保持冷静的头脑，以平和的心态去处理问题并找到合适的解决方案。可以说，感恩就是力量之源。

研究也证明了感恩有着不可估量的益处。

比如有助于你的身心健康：

- 提升积极心态[29]
- 使积极心态更持久[30]
- 减轻压力和负面影响带来的冲击[31]
- 舒缓焦虑与抑郁[32]
- 抵制物质主义[33]（物质主义跟较低的身心健康水平挂钩[34]）
- 提升睡眠质量，延长睡眠时长——部分原因是你会更加心怀感恩地入眠[35]

比如可以在很大程度上提升你的专业能力：

- 提高社交能力[36]
- 促进与他人的关系[37]
- 提升魅力（感恩使你更加友善，更会为他人着想，更有品行修养）[38]
- 使意志力更强[39]
- 有助于做出更好的长期决定[40]
- 增进对他人的积极影响，使他人变得更有道德[41]，待人接物更加真诚与友善[42]

尽管心怀感恩有着如此多的益处，但是在美国，仍然有很多人不重视感恩：只有52%的女性和44%的男性会经常对他人表达感恩之情[43]。鉴于这个令人沮丧的事实，我们可以思考一下：我们对自己又有多少感恩呢？每天我们都可以选择用不同的方式来诠释自己的生活。我们可以选择关注我们想拥有但还没有得到的——比如更好的工作习惯——并因此而感到沮丧；抑或选择关注我们已经拥有的，比如忠诚与正直的品性。我们每个人身上总有至少一点是值得自己感恩的——其实可能有很多点！**当我们留心自己的优点并且为之心怀感恩时，我们会更懂得自我同情，也会以更加真实和积极的心态来审视自己**。

有些人很难体会到感恩之情，因为他们被生活、工作中的种种挑战和挫折所折磨。一个有趣的研究显示[44]，**你究竟是从日常生活的琐事还是非同寻常的大事中获得幸福感，是由你对于自己生命余下时间的认知所决定的**。研究表明，**你认为自己生命余下的时间越短，便越能从身边最普通的事情里获得乐趣**。类似的研究也在老年人和即将毕业的大学生当中展开——这两组人都面临一段时间的结束，实验结果也证明，他们更珍惜普通的经历。

大多数人过日子都好像自己还有无数个明天，直到我们身患重病或是身边有人离世的时候，我们才会意识到生命的短暂。有限的生命使得当下的时光既充满乐趣又带有辛酸，因为这样的时光将一去不复返。尽管有些人觉得这样的想法很压抑，但其实这是提醒我们要行动起来。**我们可以选择歌颂我们的生命和自我**。**不管生活给我们制造了怎样的挑战，我们都要自己决定是接受生活的馈赠以及我们给生活的回礼，还是对其视而不见**。在这种时刻，我们心怀感恩的能力不仅将使我们更幸福，也会令我们更容易成功。

有句俗话说：“最幸福的人并不拥有最好的一切，但是他们能够使所拥有的一切都达到最好。”当你觉察到脑海中严厉的自我批评和消极偏见的时候，你可以闭上眼睛，想想你身上值得感恩的地方，这将使你可以审视现状，避免陷入自我沮丧的旋涡，使你认识真正的自我。对于你的缺点，你可以用自我同情的方式来对待它们，使其得到改正。同样，要记住反思生活中哪些方面进行得很顺利，这会帮助你打破习惯化思维，使你可以继续对有幸获得的一切感到欣喜。当然，生活中总会有各种困难的处境以及不顺心的事情，但你可以选择是让这些负面情况支配你的头脑、危害你的身心健康和职业发展，还是由你来掌控它们。所谓“事情是死的，人是活的”，你至少可以改变自己处理事情的态度。

如何做到多给自己一点同情？

自我同情看似简单，实则并不容易做到。这不仅是因为我们早已习惯了自我批评，还因为我们从小就被教导凡事不要信口开河、夸夸其谈。我们被教导要善待他人，却对善待自己那么陌生，甚至觉得新奇。但是正如我们讨论过的，说自我同情可以给你的生活和事业带来好处，是有科学依据的。下面几个建议可以帮你把自我同情变成一种习惯。

关注你的内心独白。内芙建议，在遭遇失败或挑战的时候，注意自己的内心独白，这可以帮助抑制自我批评，将其转化为自我同情。比如，不要对自己说：“我怎么能这么做？我就是个蠢货！”相反，你可以说：“我有一刻心不在焉了，但这没关系。每个人都有心不在焉的时候，这没什么大不了的。”

给自己写信。当你的情绪无法抑制的时候，内芙建议，你可以像写信安慰朋友一样写给自己。比方说你犯了一个严重的错误，对自己十分怨恨。一开始你可能会觉得很不自然或很奇怪，不过你可以想象这封信是写给一个犯下同样错误的至亲至近的人的。你的言辞会变得充满安慰的色彩而不是攻击性，会努力平息事态而不是火上浇油。不少研究都证明，把你的情绪写下来可以帮助你调节它们[45]。

编一段自我同情的话。内芙建议，你可以想一段自我同情的咒语或是常说的话，用于具有挑战性的情况，这样你就可以用平和、优雅的姿态来应对挑战。内芙的口头禅是“现在是受难时刻。受难是生活的一部分。愿我此时能善待自己，愿我能给予自己所需的同情”。

列一张日常感恩清单。每天写5件值得你感恩的事情。这可能听上去过于简单。但是，这个毫不费时的习惯可以起到长久有效的作用[46]。在每天即将结束时，写下5个你为之自豪的成就或5个你发现的自己的优点，可以大大增强你自我同情的能力。

在离开耶鲁大学之后，我的朋友劳拉利用1年的时间来探索自己的内心世界，反思究竟什么才是她真正想要的，并学习给自己减压。她参加了一个野外探索项目，并且由于热爱悬疑小说，还去了一家经营悬疑小说的书店打工。经过这1年的间隔，她转去了另外一所在她家乡的常春藤联盟高校，以便能住得离成长的环境更近。毕业之后，两所顶尖的法律学府都给她发出了优秀全额奖学金的邀请。她现在在华盛顿特区的一个联邦机构任职，并且开始了美满的婚姻生活。她表示坚决不把那些曾经折磨她的所谓成功的定义再传给下一代。她说："我不想让我的女儿们也遭受同样的折磨，不希望她们再因为每一个可能低于A的分数而感到窒息。"

如果劳拉"咬牙坚持下去"，继续给自己提出最严厉的批评并且无情地鞭挞自己前行，那么她能继续在耶鲁取得成功吗？或许可以吧，不过代价是什么呢？那种成功在她不可避免地彻底精疲力竭之前，又能持续多久呢？**通过彻底地改变与自己的关系，包括对自己优缺点的认识以及对待自己的方式，劳拉才找到了一条通向身心健康和成功的可持续道路**。

这就是自我同情，以及相信自己的才能和强项是可以发展的信念所带来的力量。这不仅可以在你的意识层面建立强健而稳定的心理基础，从而使你的内心强大起来，同时也保证了你可以在长远的时间内持续地发展和提高。

本章注释

[1]出自由卡罗尔·S. 德韦克所著的《自我理论：其在激励、个性和发展方面的作用》，《美国心理学家》期刊1986年第10期由卡罗尔·S. 德韦克所著的《鼓励机制影响学习》。

[2]出自《洛奇斯特就发展心理病理学的讨论会：情感、认知和表现》第6期由S. J. 布莱特所著的《心理病理学的表现结构》。

[3]出自《南加州大学新闻》 2008年10月9日由卡尔·玛亚丽所著的《大脑在风险和收获中作比较》。

[4]出自考文垂大学2014年8月5日的新闻《研究表明：运动员对失败的恐惧会导致“窒息”》。

[5]出自《超自我现象手册》中由克莉丝汀·内芙和艾玛·塞帕拉所著的《共情、身心健康和超自我》。

[6]出自《英国教育心理学》期刊2014年第4期由A. 米楚等人所著的《丰富成就激励的等级模式：自主控制取得成功的原因》。

[7]出自《商业投机》期刊2014年第6期由马修·S. 伍德等人所著的《把钱拿走还是逃跑？投资者的道德名声和企业家的合作意愿》。

[8]出自《大众心理学回顾》期刊2005年第2期由S. 盖博和J. 海德特所著的《什么（为什么）是积极心理学》。

[9]出自哥伦比亚广播公司“金钱观察”部门的《从失败走向成功的名人例子》节目，《创造力邮报》2012年5月11日由迈克尔·迈尔克斯所著的《著名的失败》。

[10]出自《心理学回顾》期刊1988年第2期由卡罗尔·S. 德韦克和艾伦·L. 莱格特所著的《以社会认知方式研究动机和性格》。

[11]出自2019年2月26日由胡润研究院发布的《2019胡润全球富豪榜》。

[12]出自杰拉丁·彭尼网站的《从中国首富马云身上学会的8件事》。
[13]出自《自我和身份》期刊2010年第2卷由K. D. 内芙所著的《自我同情：健康正视自我的另一种理解》。
[14]出自《个性研究》期刊2007年第41卷由K. D. 内芙等人所著的《自我同情和其与适应性心理功能的联系》。
[15]出自《个性和社会心理学》期刊2007年第92卷由M. R. 利里、E. B. 塔特、C. E. 亚当斯、A. B. 艾伦和J. 汉考克所著的《自我同情与对不愉快事件的反应：善待自己的作用》。
[16]出自《大众心理学回顾》期刊2011年第15卷由L. K. 巴纳德和J. F. 卡里所著的《自我同情：概念、因素和辅导》。
[17]出自《临床心理学回顾》期刊2012年第32卷由A. 麦克白和A. 冈姆利所著的《探索共情：对共情和心理病理学的综合分析》。
[18]出自《个性和个人差异》期刊2011年第50卷由L. 霍里斯·沃克和K. 科洛西莫所著的《非冥想者的正念、自我同情和幸福：理论与实践剖析》。
[19]出自《大脑、行为和免疫力》期刊2014年第37卷由J. G. 布莱内斯等人所著的《自我同情作为急性心理压力产生白介素6的预测指标》。
[20]出自《临床神经精神病学》期刊2008年第5卷由H. 洛克里夫等人所著的《初步研究心率变异性和唾液皮质醇对慈悲聚焦图像的反应》。
[21]出自《生物心理学》期刊2007年第74卷由S. W. 伯格斯所著的《多层迷走神经观点》。
[22]出自《自我和身份》期刊2005年第4卷由K. D. 内芙等人所著的《自我同情、成就目标和克服学术失败》，《个性研究》期刊2007年第41卷由内芙等人所著的《自我同情和其与适应性心理功能的联系》。

[23]出自《自我和身份》期刊2013年第1期由K. D. 内芙和S. N. 贝拉塔瓦斯所著的《情感关系中的自我同情》，《个性和社会心理学》期刊2008年第95卷由J. 克罗克和A. 卡内瓦罗所著的《在共同关系中创造和破坏社会支持：同情他人和自我形象目标的作用》。
[24]出自《动机和情感》期刊2009年第33卷由M. E. 尼利等人所著的《面对压力时的自我同情：大学生身心健康中共情、目标调整、支持的作用》。
[25]出自《社会和临床心理学》期刊2007年第26卷由C. E. 亚当斯和M. R. 利里所著的《在内疚和有限制的吃货中推广对饮食的自我同情态度》，《社会和临床心理学》期刊2009年第29卷由A. C. 凯莉等人所著的《谁在自我同情的自律练习中获益？一项关于减少吸烟的研究》，《自我和身份》期刊2010年第9卷由C. 麦格纳斯等人所著的《自我同情在妇女自主运动和运动相关结果中的作用》。
[26]出自《个性和社会心理学》期刊2007年第92卷由M. R. 利里等人所著的《自我同情与对不愉快事件的反应：善待自己的作用》。
[27]出自由P. 吉尔伯特和C. 艾昂斯等人所著的《聚焦疗法以及对待耻辱和自我攻击的同情心训练》。
[28]出自《华尔街》期刊中的《蒂姆·瑞恩》。
[29]出自《个性和社会心理学》期刊2003年第2期由罗伯特·A. 埃蒙斯和迈克尔·E. 麦卡洛所著的《比较祝福和负担：实验性研究日常感恩和主观身心健康》，《社会行为和个性》国际期刊2003年第5期由菲利普·C. 沃特金斯等人所著的《感恩和幸福：衡量感恩和主观幸福的方式的发展》，《临床心理回顾》期刊2010年第7期由埃里克斯·M. 伍德等人所著的《感恩和身心健康》。

[30]出自《积极心理学》期刊2006年第2期由肯农·M. 谢尔顿和索尼娅·吕博米尔斯基等人所著的《如果增加积极情绪：表达感恩和将最佳自我可视化的影响》。
[31]出自《个性研究》期刊2008年第4期由埃里克斯·M. 伍德等人所著的《感恩在社会支持、压力和抑郁方面的作用》。
[32]出自《个性研究》期刊2008年第4期由埃里克斯·M. 伍德等人所著的《感恩在社会支持、压力和抑郁方面的作用》。
[33]出自《幸福研究》期刊2006年第3期由艾米丽·L. 波拉克和迈克尔·E. 麦卡洛所著的《感恩是另一种物质主义吗》。
[34]出自《美国心理学协会》期刊2004年第6期由多利·德安吉利斯所著的《消费主义与其不满》。
[35]出自《身心治疗研究》期刊2009年第1期由埃里克斯·M. 伍德等人所著的《感恩通过睡前机制影响睡眠》。
[36]出自《个性和个人差异》期刊2008年第1期由埃里克斯·M. 伍德等人所著的《感恩独具预测生活满意度的作用》。
[37]出自《情感》期刊2008年第3期由莎拉·B. 艾尔戈等人所著的《互惠主义之外：日常生活中的感恩和人际关系》，《积极心理学》期刊2009年第2期由莎拉·B. 艾尔戈和乔纳森·海德特所著的《见证行动中的卓越：包括仰慕、感恩和钦佩在内的“赞美他人”情绪》，《心理科学》期刊2010年第4期由纳撒尼尔·M. 兰伯特等人所著的《表达感恩的益处：向伴侣表达感恩可以改变对感情的认识》，《个性和社会心理学》期刊2012年第6期由莎拉·B. 艾尔戈所著的《发现、提醒和无视：感恩在日常生活中的功能》。
[38]出自《心理学大字报》期刊2001年第2期由迈克尔·E. 麦卡洛等人所著

的《感恩是道德影响吗》，《心理科学》期刊2008年第4期由迈克尔·E.麦卡洛等人所著的《利他主义的适应：感恩的社会起源、社会影响和社会进化》，《心理科学》期刊2006年第4期由莫妮卡·Y.巴特莱特和大卫·德斯特诺所著的《感恩和亲社会行为：在被需要时伸出援手》。
[39]出自《社会和临床心理学》期刊2000年第1期由罗伯特·A.埃蒙斯和雪莉·A.克朗普勒所著的《感恩是人类的强项：对现有依据的鉴定》。
[40]出自《心理科学》期刊2014年第25卷由大卫·德斯特诺等人所著的《感恩：缓解经济急躁的工具》。
[41]出自麦卡洛等人所著的《感恩是道德影响吗》和《利他主义的适应：感恩的社会起源、社会影响和社会进化》。
[42]出自《个性和社会心理学》期刊2010年第6期由亚当·A.格兰特和弗朗西斯卡·吉诺所著的《小小的感谢作用长久：对感恩能激发亲社会行为的原因的解释》。
[43]出自《更大的利益：有意义的人生的科学》2013年1月10日由艾米莉亚·R.西蒙·托马斯和杰拉米·亚当·史密斯所著的《美国人有多感恩》。
[44]出自《消费者研究》期刊2014年第41卷由艾米特·布塔查吉和凯西·蒙格丽娜所著的《寻常和非同寻常的经历中的幸福》。
[45]出自《心理学前沿》期刊2014年第4卷由娜塔丽·莫亚等人所著的《调节情绪的认知手段：当前依据和未来方向》。
[46]出自《临床心理学回顾》期刊2010年第7期由埃里克斯·M.伍德等人所著的《感恩和身心健康：回顾与理论结合》。

Part 6

良善者的优势

仁善是不会亏本的投资。

——亨利·大卫·梭罗[1]

坚信适者生存的，真能活到最后吗？

当德雷克[2]刚刚到华尔街的投资银行贝尔斯登任职总经理的时候，他就被那里自私自利的企业文化震惊了。投资行业毋庸置疑是竞争激烈、紧张高压的，不过德雷克之前也在一家投资银行工作过，那家公司非常注重同事之间的协同合作，而来到贝尔斯登之后，德雷克发现这里的工作环境非常苛刻。“这是我在华尔街体验过的最差的企业文化了。”德雷克解释说，“贝尔斯登在招聘人才方面根本无法与摩根士丹利和高盛等顶尖公司相比，因为它的企业文化是如此争强好斗、孤立、充满了进攻性，简直就是反面的典型。”

德雷克指出，贝尔斯登喜欢维持较低的运营成本，但是愿意给员工发丰厚的奖金。作为总经理，如果你可以带来生意，那么你可以得到比在任何其他银行都要高得多的报酬。也正是如此，德雷克那些同为总经理的同事们总是以竞争的姿态迎人，几乎从来看不到他们在楼道里相互打招呼，也看不出任何想与人交往的意思。他们坚决只为自己着想，对自己的客户信息严格保密，而且随时都准备着抢同事的功劳。

贝尔斯登的企业文化可能听上去极其险恶，但是这也体现了一种深入我们文化之中的被夸大了的成功理论：要想成功，首先最重要的就是顾好自己。我们不断被灌输着——这个世界是尔虞我诈、不进则退、人人为己的，要想处在竞争的优势地位，你必须争做第一。在童年的时候，我们就明白了适者生存的道理。至于那些很早就提出“我们的原始动力是出于自身利益”的经济学家们，他们大肆宣扬人类都是自私的生物；他们告诉我们，因为资源都是有限的，所以我们必须在竞争中胜出，我们必须顾及自身利益。

你能否在考试中超过你的同班同学，从而进入一所更好的大学？一旦步入职场，得到晋升的人是你，还是你的同事？在生意场上，你可以战胜竞争对手吗？这似乎很明显，如果你希望最终获胜的是自己，就必须不停地专注于“我”“自我”“自己”。这是一种零和博弈（zero-sum game）[3]，只有一个赢家和一个输家，所以你必须取得最后的胜利。

然而，科学研究表明，**自私的态度和仅仅关注自身，实际上会阻碍你取得你本可能取得的成就。那些具有同情心而不是利己心的人，更注重与他人的关系，他们更容易使自己获得幸福与成功，同时也更可能帮助别人成功**。

人们总是错误地认为“适者生存”这个观念是由达尔文提出的，其实不然。最早提出这个理论的是一位政治理论学家，叫作赫伯特·斯宾塞（Herbert Spencer）。他的初衷是论证社会和经济等级[4]。相反，达尔文所支持的观点是“拥有具备发达的同情心的成员最多的社群，繁荣得最快，进而能培养出最大数量的后代来”。[5]**同情心与善意才是我们真正得以存活千万年的原因**。我们必须帮助他人，在大自然和人类社会中共同生存发展。

注意力都在自己身上的人，最后获得了什么？

2008年，随着次贷危机的到来，贝尔斯登也垮台了。德雷克说，尽管导致贝尔斯登的悲剧的还有其他因素，但是其贪婪和自私自利的口碑更不能帮助其挽回局面。当时贝尔斯登的首席执行官詹姆斯·“吉米”·凯恩（James “Jimmy” Cayne）也是主要的问题所在，他本身就是利己主义和争强好斗精神的代言人[6]。

德雷克说：“吉米目中无人、骄傲自大，在华尔街几乎没有什么朋友。当长期资本管理公司（一家对冲基金管理公司）在1998年濒临倒闭的时候，吉米和他的贝尔斯登告诉美联储以及其他华尔街巨头，他们将不参与对该公司的救助计划[7]。猜猜后来怎么样了？当贝尔斯登需要救助的时候，没人愿意出手相助。事实上，所有人都等着美联储将其从次贷危机中清盘之后赢取更高的利益。”

2008年3月，联邦储蓄银行最后不得不给贝尔斯登提供了紧急贷款以避免其破产，前提是他们要在那个周末将其股份卖给摩根大通。每股股票价格曾经高达171.5美元的贝尔斯登，最后以每股10美元的价格卖给了摩根大通[8]。

就像贝尔斯登的故事里所描述的那样，自私自利的做法可能在短期内获得一些成效，但是从长期来看则是有弊无利。而且在一些极端情况下，这种做法会让你失去一切。研究显示，**自我聚焦会在4个方面给你带来伤害：带来盲点，毁掉你的人际关系，让你在面对失败时更加脆弱，损害你的健康**。

自我聚焦会带来盲点

自我聚焦会导致一种狂妄自大的情绪，或者心理学术语中的“自恋”。根据圣地亚哥州立大学教授兼《自恋时代》一书的合著者简·温格（Jean Twenge）所述，**自恋是一种自我膨胀的优越感和权益感：“这是一种多方面的特征，其特点包括虚荣、物质主义、缺乏同情心、人际关系问题和以自我为中心。这是一个很大、很复杂的集合型特征，不过其核心就是膨胀的自我感**。”尽管我们很多人都并不认为自己自恋，但是温格的一项调查的结果令人吃惊：人们自恋的程度在不断上升。从1987年以来，大学生的自恋分值就在急速上升，如今65%的学生要比上一代人在自恋方面的分值更高[9]。

在一次采访中温格告诉我[10]，当她的研究结果公布之后，很多大学的报刊都发表了一些文章评论这项发现。让她吃惊的是，大多数文章都不赞同她的研究结果。但是他们也论述说，需要变得自恋才可以在如此充满竞争的世界里取得成功。温格解释说：“这样论述的前提条件是自恋可以助你成功，但问题是这个前提并不正确。”

温格说，**自恋的人最终会失败的一个原因是他们会冒太多的风险，因为他们对自己的真实能力并没有一个清楚的认知。即，从长期来看，自恋会导致更差的表现**。尤其是在工作场合，自恋会带来不可思议的盲点，导致你还在对自己的领导力和专业水平沾沾自喜时，却不知在领导眼里早已是漏洞百出。自恋这种过度的积极心理，会让你无视自己的缺点[11]。

至于领导力，温格解释，自恋的人都想成为领导，但是他们一旦成为领导，就会被自己的团队成员讨厌而且变得效率低下。她指出，我们通常会青睐谦虚、和蔼、善解人意的领导。她同时也承认这里有一个例外——当遇到公开表演、有别人作为观众的时候，自恋的人会发挥得很好。但是在大多数领域，不管是商业还是教育，自恋的人都难以成功。

自我聚焦会毁掉你的人际关系

温格曾和我分享过，**自我聚焦和自恋心理有损你的人际关系，使身边的人都远离你**。我们每个人身边可能都有几个过分迷恋自己的同事或领导。有些人表现得过于明显，他们鼓吹自己的功绩并总想成为众人的焦点；有些人则表现得隐晦一些，他们会操纵局势，从而抢占别人的功劳。这在学术界太稀松平常了，例如，一些科学家和教授总是习惯性地把研究生和博士后的研究发现占为己有。

大概我们都不会喜欢跟这种人相处，而且最重要的是，我们没法信任他们做自己的同事或领导。**那些只为自己着想的人在遇到关乎自身利益的问题时，会首先把你拿来当挡箭牌**。

毋庸置疑，过度的自恋和以自我为中心会毁了人与人之间的关系。自恋的人会倾向于选择激烈粗暴的行为，因为当他们的自尊心受到威胁或者他们认为自己没有得到足够的尊重时，他们会以愤怒和攻击性行为予以回应[12]。有一项有关职场的研究，标题为“自恋和适得其反的职场行为：是否越自负问题越大”。该研究显示，**那些在自恋方面分值高的人，同样在发怒和其他不会收获好结果的职场行为方面**

分值很高。他们更可能会做一些危害组织的不道德行为，包括与人敌对、偷盗、搞破坏、浪费时间、传播流言蜚语，以及给工作拖后腿[13]。**自恋的人会对他人产生成见，甚至会为了让自己有高高在上的感觉而对他人实施欺凌行为[14]**。更甚的是，社交方面被孤立会不可避免地发生，而这将使他们反社会的行为进一步升级，导致更严重的被孤立[15]。

这种愤怒和欺凌行为会进一步毁掉他们的人际关系。研究表明，愤怒和沮丧会蚕食同事和员工的忠诚度。沃顿商学院的亚当·格兰特[16]指出，如果你对别人不好，别人也不会对你好到哪儿去。如果你成天怒气冲冲地面对你的同事或员工，他们对待你的方式也会时刻困扰你。格兰特说："下次当你需要依靠那个员工的时候，你可能已经找不到之前的那种忠诚度了。"

更甚者，那些每天把负面情绪（如愤怒）放在脸上的管理者在人们眼中也显得低效无能[17]。以自我为中心的经理常常给自己的团队带来不必要的压力，这会引起全队的压力反应，对领导和员工双方都是有负面影响的。一项有关多个公司机构的员工的调查显示，那些处于高压环境的机构比不存在高压的同行公司在医疗保健方面的支出要高出46%[18]。研究还表明，职场压力会导致较高的员工流动率，员工会寻找新的工作、拒绝晋升机会，甚至辞职[19]。

自我聚焦会让你在面对失败时更加脆弱

只关注自己，不仅不能使你出类拔萃，反而会让你在面对挑战或失败的时候更加脆弱和难以恢复。尽管自信和积极的心态对我们是有益处的，但是过度的自尊心也会变成缺点，因为它总是驱使你跟别人作比较[20]。心理学称之为"优于平均效应（better than average effect）”，总体上来说，就是我们大多数人都认为自己比一般人要好[21]。

尤其是在个人主义当道的美国，人们更多地关注个性而非认同某个集体，对于能做到脱颖而出、出类拔萃非常推崇[22]。但是要想总是在一般人之上并且不断超过他人是不可能的，你总会有失败的时候。如果自我价值建立在你在生活中认为重要的方面所取得的成功的基础之上——比如说，如果你以职业成就为荣，那么你的自我价值就是建立在职场成功的基础上的——那么，当你面对失败的时候，你的自尊心将崩溃瓦解[23]。**虽然自尊心强通常被认为是优点，但它是你所获得的成就的结果而非原因[24]**。因此，当你面对生命中不可避免的挑战而又没有处理好的时候，膨胀的自尊心会变得极度脆弱。如果你过分关注自我，挫折将会摧毁你。

自我聚焦会损害你的身心健康

自我聚焦不仅会破坏你的职业生涯，还会给你的身心健康带来负面影响。研究人员通过测量人们使用第一人称单数代词“我”的频率来计算自我聚焦的程度。经过一系列的研究，他们惊讶地发现，自我聚焦可以导致高血压，提高患冠状动脉粥样硬化和其他致死的心脏疾病的概率。研究人员还发现这个结论在很多情况下都成立，即使是与引发病变的传统因素——如吸烟、胆固醇和衰老等——做数据对比时[25]。

在心理学上，**自我聚焦跟各种负面情绪[26]、抑郁症[27]，尤其是焦虑症[28]有着不可分割的联系**。事实上，焦虑症和抑郁症的发病率都与大脑中负责思考自己的区域的活动相关[29]。自我聚焦的另一个心理学影响就是社交孤立。毕竟，有谁愿意天天跟一个只考虑自己的人在一起呢？按温格所说，就是**会损害生活和职场的人际关系，使人们长时间处于抑郁状态**。

反过来，由于高度自我聚焦而缺少社交往来会导致严重的健康问题。在1988年，密歇根大学的詹姆斯·S. 豪斯（James S. House）教授开展了一项具有里程碑意义的研究，探索人际关系对健康的影响。他发现，缺乏社交关系是“严重的健康隐患，甚至和那些为人所熟知的健康隐患旗鼓相当，比如吸烟、高血压、高血脂、肥胖和体力活动”[30]。

更值得一提的是，根据豪斯及其后续的深入研究，社交孤立似乎会加速生理上的衰老[31]。我们通常会注意一些基本的健康常识——多吃果蔬、多健身、多休息，但是我们常常忽视社交的重要性，这是一种与他人建立积极联系的感觉。孤独与较高的发病率、生理衰老及早期死亡率都有关联。而且，与导致滥用第一人称单数代词一样，它也与罹患心血管疾病的隐患相关。事实上，孤独甚至跟细胞炎症以及免疫反应削弱相关[32]。最后，它还有损你的心理健康，使你承受更大的心理痛苦[33]。

既然自我聚焦在个人和职业方面都有诸多负面效应，可见，**关注他人，尤其是以同情的方式，将会带来不可估量的益处**。

以同情之心取得成功

现在我们知道了通过聚焦自我来取得成功事实上弊大于利，反过来，那种认为“要想成功，你得富有同情心”的观点却可以带来积极的结果，而且这是有科学依据的。

同情他人是自我聚焦的反面。事实上，从广义上来看，同情他人就是关注他人。这包括了对他人的痛楚感同身受，并尝试通过某些方式来帮助他们。**共情（Empathy）是一种我们可以理解他人情绪的情感和生理机制**。这种感觉会促使我们对他人说：“我能感受到你的痛苦。”**悲悯（Compassion）则是在可以理解他人的痛楚的基础上有意愿出手相助，以减轻其痛楚**，这包括对他人所受痛苦的敏感度以及愿意不带偏见地帮助他们[34]。

很多人相信自私自利是与生俱来的天性，但是对于婴儿和动物的研究证明了这个观点是错误的。这些研究显示，同情心才是天生的。甚至连老鼠们都会同情另一只受痛苦折磨的老鼠，而且愿意出力帮助它摆脱困境[35]。德国久负盛名的马克斯·普朗克研究所（Max Planck Institute）的研究表明，**同情心是人类和动物与生俱来的特性**。一系列研究都证明，黑猩猩和婴幼儿在不谙世事的时候，就可以在同类有需求的情况下，做出帮助同类的举动，甚至有时即使需要克服一些障碍，他们依然会伸出援助之手[36]。

我们通常会为我们的独立性以及自己解决问题的能力而骄傲。然而从根本上来看，我们其实都是社会性动物。休斯敦大学社会工作学院的教授布琳·布朗（Brene Brown）专攻社交联系方面的研究。她解释说：**“所有人都无法抑制对爱和归属感的强烈需求。我们不管从生物学上、认知上、生理上还是精神上，都与生俱来地知道如何去爱、如何被爱，以及寻求归属感**。当这些需求不能得到满足时，我们就没法正常生活：我们会坚持不下去，我们会支离破碎，我们会麻木不仁，我们会痛心疾首，我们会伤害他人，我们会一病不起。”[37]我们可能认为我们想要的是金钱、权力、名望、美貌、永驻的青春或名车豪宅，但是这些愿望的根本，是我们对归属感的需求、对被认可的需求，以及对与他人建立联系的需求。

想想当你处于同情他人的反面时会感到多么痛苦——孤独，甚至是更糟的被排斥感，不管它是来自个人层面、职业层面还是爱情层面。排斥感会带来巨大的痛苦。**排斥感令人难以忍受的程度，甚至跟生理疼痛一样，会激发大脑内部同一区域的反应[38]**。由工作或是其他人际关系冲突所引发的压力，破坏力是非常大的，它能使体内炎症加剧[39]。从生理和心理两方面来看，我们都会觉得富有同情心的社交关系是很美好的，而排斥感或孤独感是如此让人心碎。

尽管我们并不常常把同情他人放在首位，但是我们本能地知道这可以给我们带来满足感。在斯坦福大学，我们进行了一个研究：我们向500个人提出了这个问题——什么可以给你带来满足感（你也可以花几分钟时间想想自己会如何回答这个问题）？之后，我们把问题改成了："如果你的生命只剩下3天时间，那么你会选择如何度过这段时间？"在读下文之前，也请你先试着回答这个问题。

你可能已经猜到了。关于以上两个问题，**我们得到的最多的答案就是：跟爱人在一起以及帮助他人**。尽管我们平时可能并不是这么过的，但是我们本能地知道跟他人建立联系是我们生命中最有意义的事情。

你有没有过这样的经历？当你感觉所有事都跟你过不去，日子过得很糟糕的时候，突然你接到家人或一个朋友打来的电话，说他急需你的帮助。瞬间，你的注意力都会集中到那个人身上。你会尽自己所能来帮他解决问题。那你的倒霉事儿呢？我曾经把这个问题抛给来上我的课的学生们，他们的答案始终如一：那糟糕的感觉会变得好很多。突然之间，他们就会觉得精力十足、活力四射，甚至变得开心起来了。当你从自我聚焦的状态转向照顾别人时，你也会从感觉糟糕变得充满活力、积极向上起来。**通过同情他人，你会激发你的体力、影响力以及活力的全部潜能；通过同情他人，你能够找到自己存在的意义**。

当我们的大脑从自我聚焦和紧张的状态转变为一个全新的关心、爱护他人，与他人产生共情的状态时，我们的心率会放缓，迷走神经张力（我们从紧张状态下恢复放松的能力）得到加强，同时我们的身体也会释放出一些对与人相处至关重要的荷尔蒙，比如催产素。在这种新的状态下，我们会感到放松。我们不仅会对他人更加富有同情心，而且在个人层面上也会感到更受滋养、更加积极向上。

我们都知道，作为善意或慷慨之举的接收方时感觉是多么美好。而心怀同情的行为，至少跟接受善意一样令人愉悦。这就是为什么很多人宁愿牺牲自己的利益也要帮助他人。也正因如此，在2014年美国有25%的人利用空闲时间去为慈善事业做志愿者（这个数据在过去几年基本保持一致）[40]。也正因如此，美国人平均会将其年收入的3%用于捐助他人，而这个比例在中低收入水平群体中还要更高[41]。也正因如此，人们在看到高速公路上有车抛锚的时候会冒雨停下来出手相助，看到流浪猫的时候会施予其一些食物。

一项脑成像研究表明[42]，当我们接受钱款或者见证钱款投入慈善事业的时候，我们大脑中的“快乐中枢”，也就是当我们感到快乐时会被激活的神经区域，会显示同样的活跃程度。在另一项调查中[43]，参与者得到一笔钱，但被要求花在自己或者他人身上。那些把钱花到别人身上的人感到更加快乐。研究小组还发现，甚至是小到两岁的孩子，当他们把糖果分给别人时，也会体会到比得到糖果更多的喜悦[44]。

进行这些实验的研究小组发现，实验结果的成立不受国家文化背景的影响，无论这个国家是贫穷还是富饶。**我们天生就具备同情他人的能力这一点毫无争议，而且同情他人可以使我们更加快乐、更加满足**。

既然科学发现我们与生俱来就是倾向于关注他人、同情他人的，那么为什么我们还总是听到“自己的利益才是原始驱动力”这种说法呢？这其中的主要原因是经济学家在不断地宣扬这一观点。一项研究显示，那些经济学专业的学生会表现得更加利己一些，因为他们在其所学专业中不断地受到这一观点的影响[45]。另外一项研究指出，人们天生是有帮助他人的倾向的，但是却因为所谓的“利己主义普遍性”（我们每个人的行为都是出于自身利益）的理论而停止了这样做。为什么呢？因为他们担心别人会认为他们是出于自身利益而帮助别人，并且会寻求回报。

同情心如何带来成功？

德雷克是一个开心、大方、关心他人的人，他总是在力所能及的时候帮助别人。他和妻子支持过很多慈善机构，这些机构致力于帮助全世界各地贫困和战乱国家的孩童们改善他们的生活。德雷克的生活处处都有善意。

所以，当德雷克入职贝尔斯登之后，他对其他领导粗暴地对待新员工的行为感到震惊——从分析师、合伙人一直到副总裁，他们一门心思只顾自己的利益，不停地压榨着年轻的员工，甚至到虐待的地步。举例说明，他们会让刚刚从汉普顿斯度假回来的员工从周日晚上11点开始工作，并且要在第二天早上之前完成汇报演说或报告——尽管这些任务并没有被客户催得很紧，然后要求这些员工在第二天也要完成全天的工作。

除了争夺奖金和客户，贝尔斯登的经理们还抢着把最好的初级员工纳入自己的项目中去。这些初级员工知道自己无论给谁干活，日子都不会好过，所以他们会选择那些业绩好的经理，这样他们就可以获得更高的奖金。当德雷克刚入职贝尔斯登时，没有初级员工认识他，因此也就没有理由加入他的团队了。

德雷克决心坚持自己的价值观，即便自私自利的企业文化在这里已经无孔不入了。他对初级职员都充满了同情和尊重，并且给予他们想象不到的好机会。例如，初级员工很少会被要求参加客户会议，只有副总裁陪同总经理参加。然而，德雷克会邀请最低级别的员工参加会议，并给他们分配重要的职责。

在某一个项目中，德雷克只成功地招到一位分析员来为他工作。他告诉她说："我觉得我们拿下这个单的机会很大。我相信只有你和我可以完成这项工作。也就是说，你不仅得扮演分析员的角色，还要兼任合伙人和副总裁，并且你要进行IPO（首次公开募股）的沟通。你将以副总裁的身份得到本年度最热门IPO的一手资料。"他不仅邀请了这位本来完全没机会参加客户会议的分析员，而且还锻炼她，给她在客户面前表现的机会。日后，当这位分析员申请商业学校的时候，她以这一难得的经历在同行中脱颖而出。

当这个项目确实成为年度表现最好的IPO之一的时候，其他的新员工看到了这位初级分析师所获得的锻炼，纷纷希望能为德雷克工作。他们认为德雷克是一个可以尊重他们，不随便增加不必要的工作量，关心他们的职业发展，并会给予他们闻所未闻的机会和经历的人。德雷克后来不断拿下大项目，部分要归功于这支忠诚勤奋的团队。没多久，其他总经理就开始问德雷克："你是怎么招到那些出色的初级职员去为你工作的呢？"

德雷克可以从初级员工的角度去为他们考虑，理解他们面临的挑战和渴望，而且在工作中真正想帮助他们成长。因此，他与下属之间保持了积极、信赖、相互关爱的互动，与他人建立了良好的人际关系。同情心帮助德雷克取得了成功，并使他能够在如此恶劣的环境下依旧坚持自己的价值观，它发挥的作用比利己主义态度要强大、有效得多。

就像德雷克的故事和科学研究表明的那样，同情他人是具备优良品质最起码的要求，它能促进你的人际关系并且激励他人对你保持长久的忠诚。更值得一提的是，同情心还可以在很大程度上提高你的健康水平。

同情心是我们的底线

金·卡梅隆（Kim Cameron）[46]和他在密歇根大学的同事研究了职场上同情行为的影响。卡梅隆给这些富有同情心的行为做了如下定义：

- 像对待朋友一样照顾同事、关心同事，对同事有责任心
- 支持、帮助彼此，包括当别人身处困境时给予他们善意和同情
- 在工作上互相鼓励
- 注重工作的意义
- 避免责备他人，并且对错误表示宽容

- 以尊重、感恩、信任、诚信的态度来对待彼此

在一篇发表在《应用行为科学周刊》上的文章中，卡梅隆解释说，当机构组织开始实施这些行为时，他们的绩效水平会有大幅提升。他说："他们的组织效能可以得到显著的提升，包括财务表现、客户满意度以及生产效率。"他还补充说，一个机构组织的工作环境越是富有同情心，"其绩效就越高，这体现在收益率、生产效率、客户满意度和员工参与度等方面"。

更值得一提的是，研究显示当员工更加开心时，同事关系也会得到改善，整个工作环境都会更加和谐愉悦[47]。另外一项大型医疗健康研究也证明，富有同情心的公司文化不仅可以提升员工的幸福度和工作效率，还可以改善客户的健康和满意度[48]。换句话说，同情心对你有益，对你的团队有益，对你的客户也有益，这是一个多赢的结果。

同情心可以提升你的地位和可信度

对很多人来说，将同情心运用于职场听上去很陌生。毕竟，这听上去似乎太过于感情化了。你可能会想，这会不会显得自己很软弱？答案是否定的，而且事实恰恰相反。研究表明，善意以及利他的行为不仅不会让你显得软弱，反而会提升你在一个团队里的地位[49]。思考这个问题：假如让你在两个能力水平相当的人之间做选择，你更愿意与哪个一起工作，让他升职或是邀请他加入你的项目？毫无疑问，你一定会选那个更有同情心的人。

沃顿商学院的亚当·格兰特认为善意和同情心可以带给我们比自我聚焦多得多的好处。他解释说，**善者总会名列前茅的，只要他们学会如何不让别人利用他们**。在他的畅销书《沃顿商学院最受欢迎的

成功课》（简体中文版书名，原版书名为“*Give and Take*”）中，他曾提到过，正如很多人所质疑的，有时候好人确实会成为输家。格兰特把那些关心他人福祉并照顾同事、员工的人称为“给予者”，他发现**在成功阶梯的最底端，“给予者”所占的比例很高，完全被自私的“索取者”压在最下面**。然而，格兰特还吃惊地发现，**成功阶梯的最顶端大多是“给予者”**。怎么会这样呢？

研究发现，给予者更受人爱戴，因此会变得更有影响力。**成功与不成功的给予者的区别在于策略：当给予者学会了如何防止别人利用自己的策略时，他们的“好人”基因最终会帮他们成功并让他们超越他人**。为什么呢？部分原因是所有人都喜欢与他们共事，欣赏他们友善和愿意付出的品质。

同情心除了可以让你更容易与人相处、共事，还会让你更值得信赖。信任是我们生命中很重要的方面，因为信任使我们感到安全。或许是因为我们的领导对我们的工作体验有着决定权——他们可以使我们的工作环境变得或苛刻、充满压力，或轻松、令人愉悦，所以我们会对领导的可信度尤其敏感。与德雷克那样和善的人一起工作，员工们可以产生充分的信任感。哈佛大学教授艾米·卡迪（Amy Cuddy）发现[50]，**我们会倾向于信任温暖而不是严厉的领导。相反，那些严厉的领导会激发我们的压力反应**。我们的大脑会做好准备应对任何威胁，无论这个威胁来自一只发怒的狮子还是暴跳如雷的领导，而当我们看到善意的行为时，大脑的压力反应又会显著地消退。脑成像研究显示[51]，**当社交关系处于安全的状态时，大脑的压力反应就会减弱**。

反过来，**信任可以激发创造力**。格兰特告诉我：“当你以一种泄气、发怒的方式回应员工时，他们很可能在今后都不敢再冒险，因为他们会担心犯错所带来的负面后果。换句话说，你扼杀了对学习和创新至关重要的实验精神。”格兰特提到了一个由密歇根大学的菲奥娜·李（Fiona Lee）发起的研究，该研究表明：**推崇一种安全的文化而不是对负面后果惧怕的文化，会鼓励大家践行实验精神，而这对激发创造力至关重要[52]**。

实验表明，对某些人来说，对需要帮助的人伸出援手可能是一件他们避之唯恐不及的事情。他们可能会觉得招架不过来，急于脱身。在布琳·布朗所著的书以及她的TED演讲中[53]，她把这种情况概述为脆弱性（vulnerability）。面对他人的痛苦是一件很困难的事。同情那个人可能会让你觉得不舒服。它会要求你展示出自己内心深处最真实的一面，然而我们并不习惯在工作中展现出自己的脆弱性。但是，这一切都是值得的。

企业福祉咨询公司“卓越变革型领导”的首席执行官乔安·博林（Johann Berlin）[54]跟我分享了他在财富100强讲课的一次经历[55]。参与者都来自高级管理层，有一项活动要求参与者两两一组，分享他们生活中的一个事件。活动之后一个高级执行经理找到了乔安，很明显，他对这项活动很有感触，他说：“我跟我的同事一起工作超过25年了，但我从来不知道他在生活中经历过如此困难的时期。”经过如此短暂、真实、展示脆弱一面的交流，这位经理对他同事的同情之心以及与同事相互联系的感受，都得到了前所未有的加深，这是数十年的共事中从未经历过的。

同情心可以带来忠诚度和参与度

当我们看到别人投身于帮助他人的行动时，我们会有一种很温暖、受启发的感觉，有时候甚至会鼻子发酸流下眼泪或是感动到为之一振。心理学家乔纳森·海德特很恰当地将这种状态称为“升华”，可能因为这个状态会短暂地让你有飘飘然的感觉。

在职场，**“升华”可以带来忠诚度的累增**。当海德特和他的同事们将与“升华”相关的研究[56]应用于商业场景的时候，他们发现当领导公平对待他们的员工（即有礼貌、尊重并能做到感同身受）时，或是愿意牺牲自己的闲暇时间、利益或职业发展来为公司和团队的发展付出时，他们的员工就会有“升华”的感觉。结果就是，员工们对领导会更加忠诚。

除此之外，**“升华”似乎会营造出一个更友善的环境**。海德特的数据显示，当你因看到别人帮助他人而感到“升华”的时候，你很可能会为他人做一些善事。在职场上，**当员工受到领导的感染而觉得“升华”时，他们更可能以友好互助的方式对待其他同事，甚至是在没有任何回报的时候**。

另外一项研究也表明，当领导公平待人的时候，其团队成员之间的关系也会更加和睦，而且不管是个人还是团队整体，都会更有效率[57]。换句话说，同情的行为可以创造更能团结合作的职场环境。研究者尼古拉斯·克里斯塔基斯和詹姆斯·福勒提出，**当你待人和善时，你周围的人也更有可能会待人和善**。针对“爱心预支”（paying it forward）的研究显示，**当你跟那些帮助你的人一起工作时，你也很有可能会去帮助他人，而且并不一定是帮助那些帮助过你的人[58]**。简而言之，你富有同情心的行为会在你周围散布开来，带来的好处也会加倍。

下面这个故事的主人公叫阿查娜·“亚齐”·帕奇拉罕（Archana “Archie” Patchirajan）[59]，是一名来自印度的“硅谷”——班加罗尔的工程师，也是一家互联网公司的创始人。她的故事展现了同情心对忠诚度和团结合作的影响。亚齐跟德雷克一样，做事情都不是从关注自我的角度出发。她的谦卑是她最令人放松的品格。她从来不炫耀她的成就，也不愿吸引别人的眼球，相反，她会很认真地倾听他人的述说。她十分乐于给人提出建议，如果能够帮助别人，她一定会帮。当工作不忙的时候，她会花大把的时间为多个非营利性组织做志愿者。简单来说，她极其善良。那些有幸结识她的人都能从她身上得到很多启发。

亚齐心爱的弟弟一直梦想着创立一家互联网公司。当他不幸英年早逝后，亚齐决心帮弟弟圆梦。就像班加罗尔成千上万个希望开互联网公司的人一样，亚齐先从一个创新的科技想法出发，招募工程师、组建研发团队，一步一步地向弟弟的梦想靠近。

然而随着时间的推移，公司开始亏损，而且令人沮丧的是，亚齐也意识到她没法再维持公司的运转。一天，她把所有职员都叫来开会，并宣布她必须放他们离开了，因为公司已经危在旦夕，没有钱来支付他们的工资。然而，令人讶异的事发生了——员工们都拒绝离开。他们表示要支持亚齐，而且宁愿降薪50%也不愿离她而去。他们继续努力工作。几年之后，亚齐这家提供互联网广告解决方案的公司“胡宝”（Hubbl），在美国卖出了高达1400万美元的价格。

我采访了亚齐公司里的一位老员工，当我问他为什么愿意一直追随她的时候，他陈述了以下几个理由：“我们像一个大家庭一样工作，因为亚齐把我们都当家人看待。”“亚齐每次都能鼓励我们。”“亚齐了解办公室里的所有人，而且跟我们每个人都保持着良好的私人关系。”“当我们犯错的时候，亚齐从来不发火，而是给我们时间来学习如何分析并解决问题。”正如这位员工所说，亚齐与员工之间的关系比一般的雇佣关系要深厚得多。为什么呢？因为亚齐在与他们相处时总是很富有同情心，她首先把他们当作人看待，其次才是她的员工，她关心他们。因此，他们不管在顺境还是逆境中，都对亚齐十分忠诚，高度投入到工作中。

就像亚齐的故事告诉我们的那样，**如果一个经理可以真正做到以慷慨包容之心对待其员工，那么员工们也可能会效仿这样的做法，变得更加投入、更加忠诚**。回想你自己的工作经历，你可能有过一个鼓励你、启发你的老板，因为他更少关注自我，而是把注意力放在你身上。这个人可能在对自己完全无益的情况下，花时间和精力来帮你学习、成长。如果今天这位老板打电话来寻求你的帮助，相信你很可能会放下一切来帮助他。**真正的忠诚来自你与触动你的人之间的人际关系，而不是一纸工资单**。研究表明，与高额薪水相比，人们更重视伙伴关系与获得认可[60]。

可以拿钱收买的忠诚不是真正的忠诚。那些从内心深处由于感动或“升华”而产生的忠诚，要比支票上数字的变化带来的忠诚牢靠得多。**如果你确实是一个关心他人的领导或者同事，那么人们也会真正地对你忠诚**。**如果你的员工因为你所展现出的这些品质而忠诚于你、为你付出，那么即便别人出再高的价也不会把他们诱惑走**。

同情心对你的健康有益

毫不奇怪，信任度的增进和积极的人际关系会带来各种健康方面的益处。与自我聚焦不同，同情心和与他人保持积极的关系会产生很多效果：

- 增加50%的长寿概率[61]
- 缓解压力带来的负面影响[62]

- 增强免疫系统[63]
- 消除炎症[64]
- 降低焦虑症和抑郁症发病率[65]

同情心有助于健康的另一个原因是它可以帮助我们更快地从生活的压力中恢复。一个超过800人参与的调查研究发现，高压力水平通常会预示过早死亡，除非那些人去参加一些志愿者工作[66]。在一个针对老年夫妇的长期调查中，科学家对那些长时间照顾另一半和长时间被另一半照顾的人进行了对比。结果表明，照顾他人不仅可以提升整体健康水平，而且会延年益寿[67]。

然而，**同情心是否有益于身心健康，还取决于这些同情行为的动机**。只有出于利他而非利己的原因，那些参与志愿者活动的人才比不参与的人寿命更长。同情并帮助他人必须出自内心深处真实的意愿，而不是出于自私利己的原因。

锻炼你的“同情肌”

像我前面说过的那样，同情心包括从别人的角度看问题，理解他们可能面对的挑战，并且真心实意地想要帮助他们。第一步是做到共情，从别人的角度看问题并真正理解他们的感受。比如德雷克理解年轻职员所处的困境，他感同身受。无论是你老板流露出的失望还是同事抑制不住的喜悦，了解别人的心路历程可以帮助你用最感性、最合适的方式与他们沟通，这样，他们才会感到被倾听、被理解、被尊重。之后，你们之间的关系无论是在个人层面上还是在职业层面上都会被加强。

如果你可以调动身体的自动回应机制去对待他人，你会发现你可以自然而然地理解并回应身边的人。有一次，我的一个挚友刚走进屋子，我就在无意识的情况下问他："你怎么了？"我都为自己提出这个问题感到惊讶，因为我并没有下意识地思考过有哪里不对劲。我的朋友既没有哭哭啼啼，也没有表现出什么异常，但是我不知怎的就在什么都不知道的情况下觉察到了他的异样。他让我给了他一个拥抱，然后告诉我他的一个好友刚刚经历了生死攸关的事故，受伤很严重。

我是怎么知道有事情不对劲的呢？**我们内在都有着极为敏感的共情系统，这一系统比我们的理性思维要运转得更快、更自然，就像条件反射一样**。我们就像灵敏的共鸣板或音叉一样。虽然我们在主观上还没意识到，别人的情绪或痛楚却已经在生理上与我们产生了共鸣。我们天生就具有共情的能力。例如，看到别人皱眉头的表情，我们自己面部的"皱眉肌肉"也会受到刺激。通过这种方式，我们就能"读懂"别人的想法。然而，这并不是肤浅的肌肉模仿，而是心理上的共鸣。研究表明[68]，**当我们感受到别人的情绪时，我们大脑神经系统中产生同样情绪的神经通路也会被激活**。想想在你的朋友痛哭流涕的时候，你的眼泪是不是也在眼眶里打转？或者当她开怀大笑的时候，你是不是也忍不住笑意？我们的共情反射导致我们在看到别人跌倒或摔跤时自己也会站不稳，这也是婴儿在听到别的婴儿哭泣时会跟着一起哭的原因。同样，这也能解释为什么恐惧情绪很容易在人群中蔓延。原因就是当我们感受到别人的痛苦时，我们大脑中感受痛苦的相同部位会被激活[69]。这就是为什么我在朋友刚走进屋门的时候就觉得有什么事不对劲，而连我自己都对在大脑还没有认真思考之前就问了问题感到惊讶。

那么，如何增强自己的同情心呢？因为我们生来就可以共情，所以我们所需要做的仅仅是激活内在的共情反应。下面我就提供几个可以参考的办法。

1.当别人在说话的时候集中注意力。当你跟别人谈话时，百分之百地倾听并注视对方。很多信息的沟通都是通过面部表情甚至是语音语调进行的。倾听别人的措辞，并且留心他们是如何表达自己的。观察他们的面部表情，尤其是眼睛。正所谓“眼睛是心灵的窗户”，研究证明，你可以从人们的凝视中读出他们的情感[70]。实验中，研究者让参与者看人的一系列眼部特写，让参与者仅通过眼睛来描述这代表了什么情绪。结果证实，面部的倾斜度、眉毛的角度以及眼角的皱纹都可靠地传递了情绪。所以，通过倾听并注视他人，我们可以从别人的角度看问题，进而很恰当地作出回应或提供支持。

2.用语言表达他人的观点。另一种感受他人情绪的方式，就是用语言表达出你所观察到的他们的感受。当你下次再遇到沟通困难的时候，试着去承认他人的情绪。如果你可以机敏地表达出你理解老板的烦闷或者同事的伤心——比如你可以跟老板说“你怎么看上去这么沮丧”，或者跟同事说“你今天看上去好像有些不开心，如果有什么我可以帮上忙的尽管跟我说”——那么你或许可以拉近跟对方的关系，因为对方会感到被倾听和被理解。而且，这样也可以确保你没有误解对方，因为对方可能并不是在生气或伤心，也可能只是累了而已。如果是那样的话，他就会纠正你，给你机会去了解究竟发生了什么。

3.参加同情心训练项目。就像锻炼肌肉或培养习惯一样，同情心也是可以训练的。研究表明，慈悲冥想（compassion meditation）[71]（比如慈心禅）以及长期的同情心训练项目都有明显的效果，比如我们在斯坦福大学“同情与利他主义研究及教育中心”开设的9课时的“同情心培养训练”项目。这些项目有以下重要益处：

- 可以降低应激激素和炎症水平，增强免疫功能，缓解焦虑及抑郁[72]
- 可以提高共情能力。正如我和我的同事们在其他研究中所发现的，人们在参加了同情心训练课程后，可以更好地识别面部表情和情绪[73]，并且大脑中与共情相关的部位也产生了变化[74]
- 使我们对他人和自己都更加友善，而且更愿意在他人需要帮助的时候伸出援助之手[75]
- 增强了人们调节情绪的能力，并且让人们在别人遭受痛苦时可以帮助他们更快恢复[76]
- 见效很快。尽管很多同情心训练的时间都很长（比如9周上9节课），然而在哪怕仅有7分钟的慈心禅中，我和我的同事就已经看到了它在当下的社交接触中所引发的情绪变化[77]

总之，我们在成长过程中笃信的自我聚焦实际上会阻碍我们获得成功和幸福；相反，通过同情心来关注他人则会产生非凡的效果。研究表明，当你在生活中表现出真心和关爱，无论你是在家还是在单位，你都会自然而然地与身边的人建立信任。你激励他人、鼓舞他人，他人也会随之与你更亲近，甚至为你奉献一切。这不仅可以使你更加成功，而且可以改善你的生理和心理健康。你的影响力将会扩大，因为你创造了一种积极的文化，可以使身边的人受益，而这也会为你带来可喜的收获。

本章注释

[1]出自亨利·大卫·梭罗所著的《亨利·大卫·梭罗随笔》。

[2]此处为化名。

[3]又称零和游戏，与非零和博弈相对，是博弈论的一个概念，属非合作博弈。指参与博弈的各方，在严格竞争下，一方的收益必然意味着另一方的损失，博弈各方的收益和损失相加，总和永远为零，双方不存在合作的可能。

[4]出自《美国印象》中的《人类和事件：赫伯特·斯宾塞》。

[5]出自《心理学大字报》期刊2010年第3期由詹妮弗·L. 格策等人所著的《共情：发展性分析和实践性回顾》。

[6]出自《纽约时报》2014年7月25日由西德尼·安柏所著的《通过好时代和坏时代，记住艾斯·格里伯格》。

[7]出自《彭博》商业周刊2007年6月25日由乔迪·顺和布莱德利·郑所著的《贝尔斯登拒绝为竞争者长期资本管理公司提供资金援助》。

[8]出自《纽约时报》2008年3月17日由安德鲁·罗斯·索金所著的《摩根大通将贝尔斯登股票收购价提至10美元一股》。

[9]出自《个性》期刊2008年第76卷由J. M. 温格等人所著的《自我不断膨胀：对自恋性格的跨时段的综合分析》。

[10]出自作者2015年6月2日对简·温格的采访记录。

[11]出自《应用心理学》期刊2006年第4期由提莫西·A. 佳哲等人所著的《过于爱自己：工作场所异常行为、领导力和任务业绩的自我及其他认知方面的自恋性格与周边绩效的关系》。

[12]出自《心理学回顾》期刊1996年第103卷由R. F. 鲍迈斯特等人所著的《受威胁的个人主义和侵犯的关系：高自尊心的黑暗面》，《个性和社会心理学》期刊2003年第29卷由J. M. 温格和W. K. 坎贝尔所著的《得到我们应

得的尊重很有趣吗》。

[13]出自《选择与评估》国际期刊2002年第1—2期由丽萨·M. 彭尼和保罗·E. 斯佩克特所著的《自恋和低工作效率行为：大自我意味着大问题吗》。

[14]出自《个性和社会心理学大字报》期刊1999年第25卷由C. 萨瓦米瓦利等人所著的《自我评估的自尊心、同龄人评估的自尊心和防御性自我主义作为青少年介入霸凌行为的预测标志》，《个性和社会心理学》期刊1997年第73卷由S. 费恩和S. L. 斯宾塞等所著的《偏见是对自我形象的维护：通过贬低他人来确认自我》，《个性和社会心理学》期刊1987年第52卷由J. 克罗克等人所著的《向下作比较、偏见、评价他人：自尊和威胁的影响》。

[15]出自《心理学大字报》期刊1995年第3期由R. F. 鲍迈斯特和M. R. 利里所著的《需求归属：想要和他人接触的欲望是人类最基本的欲望》。

[16]出自作者2014年3月6日对亚当·格兰特的采访记录。

[17]出自《组织行为》期刊2000年第2期由克里斯蒂·M. 路易斯所著的《领导者表现情绪的时候：下属如何对男性和女性领导的消极情绪作出反应》。

[18]出自《BMC公共健康》期刊2011年第11卷由桑德·阿扎各巴和马什巴·F. 沙拉夫所著的《精神社会调节和医疗服务设施》。

[19]出自《工效学》期刊2013年第11期由R. S. 布里奇等人所著的《职业压力和员工流动率》。

[20]出自《自我和身份》期刊2010年第2卷由克莉丝汀·内芙所著的《自我同情：健康正视自我的另一种理解》。

[21]出自《社会心理学欧洲回顾》期刊1993年第4卷由V. 胡伦斯所著的《自我增强和社会对比中的上级偏见》。

[22]出自《心理学回顾》期刊1999年第106卷由S. H. 海因等人所著的《积极

的自我认知有普遍必要吗》，《个性和社会心理学》期刊1993年第65期由C. 赛迪基德斯所著的《自我评价过程中的评估、提高和确认因素》。

[23]出自《个性和社会心理学》期刊2003年第85卷由J. 克罗克等人所著的《大学生自我价值的紧急机制：理论和衡量》。

[24]出自《大众关注的心理科学》期刊2003年第4卷由R. F. 鲍迈斯特等人所著的《自尊心强能带来更好的表现、成功的人际关系和幸福健康的生活方式吗》。

[25]出自由L. 施瓦泽和J. 卡尼克所著的《自我参照和冠心病风险》，《超前》期刊1985年第2卷由L. 施瓦泽等人所著的《自我进步和冠心病的风险因素》。

[26]出自《心理学大字报》期刊2002年第4期由M. 莫尔和J. 文奎斯特等所著的《自我关注和消极情绪：综合分析》。

[27]出自《脑成像行为》中由J. F. 库蒂尼奥所著的《在抑郁和焦虑状态下的默认网络分解》。

[28]出自《心理学研究（日语）》期刊2007年第4期由田中等人所著的《自我关注、抑郁和焦虑之间的关系》。

[29]出自库蒂尼奥所著的《在抑郁和焦虑状态下的默认网络分解》。

[30]出自《科学》杂志1988年第241卷由J. S. 豪斯等人所著的《社会关系和健康》。

[31]出自《现代心理科学方向》期刊2007年第16卷由J. T. 霍克利和J. T. 卡西欧珀所著的《变老和孤独：情况会很快恶化吗》。

[32]出自《行为药物年报》期刊2010年第2期由路易斯 · C. 霍利和约翰 · T . 卡西欧珀所著的《孤独很重要：理论和实践性分析其后果和机制》。

[33]出自《咨询心理学》期刊2001年第3期由理查德·M. 李等人所著的《社会关系、人际交往行为异常和心理压力》。
[34]出自《心理学大字报》期刊2010年第3期由詹妮弗·L. 格策等人所著的《共情：发展性分析和实践性回顾》。
[35]出自《科学》期刊2011年第334卷由因宝·本米·巴泰尔等人所著的《帮助有需要的伙伴：老鼠的同情心和亲社会行为》。
[36]出自《科学》期刊2006年第311卷由费利克斯·沃耐肯和迈克尔·托马斯洛所著的《在人类婴儿和小黑猩猩中间的利他助人行为》。
[37]出自作者2012年1月23日对布琳·布朗的采访记录。
[38]出自《美国国际科学院学报》期刊2011年第15期由伊桑·克罗斯等人所著的《社会排斥和生理疼痛有共同体觉反应》。
[39]出自《美国国际科学院学报》期刊2010年第33期由G. M. 萨尔维奇等人所著的《对社会排斥的神经敏感度跟社会压力导致的发炎反应有关》。
[40]出自劳动数据局2015年2月25日的“美国2014年志愿者”报告。
[41]出自《个性和社会心理学》期刊2010年第5期由保罗·K. 克劳斯等人所著的《得到的更少，付出的更多：社会阶级对亲社会行为的影响》。
[42]出自《美国国际科学院学报》期刊2006年第42期由J. 莫莉等人所著的《人类中脑缘前网络影响关于慈善募捐的决定》。
[43]出自《科学》期刊2008年第319卷由伊丽莎白·W. 邓恩等人所著的《给别人花钱可以提高幸福感》。
[44]出自《PLoS One》期刊2012年第6期由L. B. 阿克宁等人所著的《付出会让小孩子感到幸福》。
[45]出自《经济视野》期刊1993年第2期由罗伯特·H. 弗兰克等人所著的

《学习经济学是否抑制合作》。
[46]出自《应用行为科学》期刊2011年第3期由金·卡梅隆等人所著的《积极练习对组织效率的影响》。
[47]出自《管理视野》期刊2007年第21卷由西格尔·巴萨德和唐纳德·E.吉布森所著的《为什么情绪对组织有影响》。
[48]出自《管理科学》季刊2014年第20期由西格尔·G.巴萨德和奥利维亚·A.奥尼尔所著的《爱有什么作用？一项关于爱对员工和客户之间长期关系的调查》。
[49]出自《个性和社会心理学大字报》期刊2006年第10期由查理·L.哈迪和马克·范乌特所著的《好人最先完成任务：竞争性利他主义假想》。
[50]出自《哈佛商业回顾》期刊2013年7—8月期由艾米·J. C.卡迪等人所著的《先沟通再领导》。
[51]出自《社会认知和情感神经科学》期刊2015年第6期由卢克·诺曼等人所著的《依附安全度减弱杏仁核对社会和语言威胁的激活》。
[52]出自《组织科学》期刊2004年第3期由菲奥娜·李等人所著的《组织实验不一致的混合效果》。
[53]出自《TED演讲》2010年6月由布琳·布朗发表的《脆弱的力量》。
[54]出自《为卓越转型领导方向》。
[55]出自作者2014年11月15日对乔安·博林的采访记录。
[56]出自《积极心理学》期刊2010年第5期由米开朗基罗·韦艾诺等人所著的《工作提升：领导的道德杰出性的效果》。
[57]出自《产品创新管理》期刊2009年第2期由邱天骄等人所著的《交互公平对多功能产品研发小组的绩效的影响》。

[58]出自《罗斯商学院院报》2014年第1236期《组织科学》由韦恩·E. 贝克和纳撒尼尔·布克利所著的《提前支付跟回报声望的对比：广义互惠主义机制》。
[59]出自作者2014年11月28日对阿查娜·“亚齐”·帕奇拉罕的采访记录。
[60]出自英国专业会计人员协会发布的《今日一项报告指出：相对于高工资，英国工人更重视伙伴关系和获得认可》。
[61]出自《PLoS Med》期刊2010年第7期由J. 霍特·伦斯坦德等人所著的《社会关系和死亡风险》。
[62]出自《心理学大字报》期刊1985年第2期由谢尔顿·科恩和托马斯·亚士比·威利斯所著的《压力、社会支持和缓冲假想》。
[63]出自《健康心理学》期刊2005年第3期由莎拉·D. 普莱斯曼等人所著的《大学新生中的孤独、社交网络大小和对流感疫苗的免疫反应》。
[64]出自《荷尔蒙与行为》期刊2012年第62卷由L. C. 霍克利等人所著的《社会孤立对社会型哺乳动物的糖皮质激素调节的影响》。
[65]出自《咨询心理学》期刊2001年第3期由理查德·M. 李等人所著的《社会关系、人际交往行为异常和心理压力》。
[66]出自《美国公共健康》期刊2013年第9期由迈克尔·J. 普林等人所著的《为他人付出和压力与死亡之间的关系》。
[67]出自《心理科学》期刊2009年第4期由S. L. 布朗等人所著的《关怀行为和低死亡率相关》。
[68]出自《科学》期刊2007年第316卷由珀拉·M. 尼登塔尔所著的《将情感有形化》。
[69]出自《神经图像》期刊2005年第3期由菲利普·L. 杰克森等人所著的

《我们如何理解他人的痛楚？探究同情时的神经处理过程》。

[70]出自《儿童心理学和精神病学》期刊2001年第2期由西蒙·巴伦·科恩等人所著的《“观眼懂心”测试的改进版：一项对正常成年人和有阿斯伯格综合征或高功能自闭症的成年人的研究》。

[71]一种旨在帮助人们敞开心怀，学会更加同情自己和他人的训练。

[72]出自《个性和社会心理学》期刊2011年第95卷由B. L. 弗雷德里克森等人所著的《敞开心扉创造生活：由爱意冥想带来的积极情绪可以构建个人关系网》，《精神神经内分泌学》期刊2009年第34卷由T. W. 佩斯等人所著的《共情冥想对神经内分泌学、天生免疫力和心理压力的反应行为的影响》，《精神神经内分泌学》期刊2013年第38卷由T. W. 佩斯等人所著的《参与以认知为主的共情训练与寄养计划中的青少年在训练前后降低的唾液C反应蛋白的联系》。

[73]出自《社会认知和情感神经科学》期刊2013年第1期由J. S. 玛思卡洛等人所著的《共情冥想增强同情敏锐度和相关神经活动》。

[74]出自《认知和情感行为神经科学》期刊2015年第15卷由C. A. 哈切森等人所著的《与社会联系相关的神经因素》。

[75]出自《PLoS ONE》期刊2011年第6卷由S. 雷伯格等人所著的《短期共情训练增加在新开发的亲社会游戏中的亲社会行为》。

[76]出自玛思卡洛等人所著的《共情冥想增强同情敏锐度和相关神经活动》，《PLoS ONE》期刊2008年第3卷由A. 卢茨等人所著的《通过共情冥想调节情绪神经通路：冥想效果》，《情感》期刊2012年第12卷由M. E. 凯梅尼等人所著的《沉思/情感训练减少消极情绪行为且促进亲社会反应》，《人类神经科学前沿》期刊2012年第6卷由盖儿·德波尔德等人所著的《正念注

意力和共情冥想对杏仁核对情绪刺激在正常和非正常状态下反应的影响》，《动机和情感》期刊2014年第38卷由H. 扎阿尔等人所著的《对共情培养训练的随机控制研究：正念和情感调节的作用》。

[77]出自《情感》期刊2008年第5卷由C. A. 哈切森等人所著的《爱意冥想增加社会联系度》。

鸣谢

十分感谢史蒂芬·基斯林帮我开启了写作的生涯，他是第一位接受我的文章的编辑并且成了我出色的导师。还要感谢黛西·格瑞沃很久以前就鼓励我在《今日心理学》上开始专栏写作。

感谢斯科特·考夫曼，谢谢您写邮件建议我写书。当然还要感谢我的超级无敌经纪人，盖儿·安德森。盖儿，谢谢你在整个过程中全面细致的支持和建议，以及你无与伦比的幽默感。

谢谢盖诺维娃·罗萨对我的信任，邀请我加入HarperOne并且提供了一批杰出的编辑帮助我。感谢HarperOne团队的汉娜·麦米伦、阿蒂亚·克拉和金·德曼。能跟你们一起工作是我莫大的荣幸。

谢谢丽贝卡·麦米伦、彼得·伊柯诺米、艾立森·彼得森、安奈特·古利卡、达拉·嘎勒曼尼、莎拉·珀森、凯特·诺斯利、卡利·汉密尔顿、卡珊德拉·朗和杰西卡·瓦拉等对初稿的精心编辑和建议。

特别感谢我采访的所有嘉宾，谢谢你们腾出时间与我分享你们的见解。谢谢议员蒂姆·瑞恩、詹姆斯·多堤博士、布琳·布朗、亚当·格兰特、艾略特·伯克曼、斯科特·巴里·考夫曼、乔安·博林、罗莉·达斯卡尔、阿瑞尔·帕奇拉罕、简·温格、杰姬·罗特曼、迈伦·斯科尔斯、保罗·吉尔伯特、亚当·格兰特、皮柯·艾尔、史蒂芬·伯格斯、金·卡梅隆、卡罗尔·帕诺夫斯基、克莉丝汀·内芙、麦克·海特曼、谢蓉·拉姆利、莎拉·塞弗恩和杰克·多柏克。

感谢所有亲爱的朋友这一路上给我的支持和爱，尤其是我亲爱的德班蒂、乌玛、乔安、达拉、马希姆、凯莉、安奈特、普利亚、卡罗兰、舒布、比尔和莱斯利。

感谢我的全体家人。尤其是我的丈夫和父母对我持之以恒、毫无保留的爱与支持，以及他们悉心细致地帮我修改手稿。没有语言可以表达我每天对你们的爱意。我爱你们。

最后，还有那些特殊的人们，他们通过自己不断的努力，将知识和同情心传播给全世界，这些宝贵的财富一直流传至今。尤其是古儒吉大师，让我的生活充满了光辉，打动了我的心灵并给予了我灵感。

著作权合同登记号　桂图登字：20-2016-012 号

图书在版编目（CIP）数据

休息时就要远离工作：斯坦福颠覆传统成功理论的心理课程 /（美）艾玛·塞帕拉著；杨清，袁小茶译．—南宁：广西科学技术出版社，2019.7（2020.3 重印）
ISBN 978-7-5551-1170-2

Ⅰ．①休…　Ⅱ．①艾…　②杨…　③袁…　Ⅲ．①成功心理—通俗读物　Ⅳ．① B848.4—49

中国版本图书馆 CIP 数据核字（2019）第 084533 号

XIUXI SHI JIUYAO YUANLI GONGZUO:SITANFU DIANFU CHUANTONG CHENGGONG LILUN DE XINLI KECHENG
休息时就要远离工作：斯坦福颠覆传统成功理论的心理课程

［美］艾玛·塞帕拉　著　　杨清　袁小茶　译

策划编辑：冯　兰　　封面设计：仙境设计
责任编辑：蒋　伟　　版式设计：谢玉恩
版权编辑：尹维娜　　责任审读：张桂宜
责任印制：高定军　　责任校对：张思雯

出 版 人：卢培钊　　出版发行：广西科学技术出版社
社　　址：广西南宁市东葛路66号　　邮政编码：530023
电　　话：010-58263266-804（北京）　　0771-5845660（南宁）
传　　真：0771-5878485（南宁）
网　　址：http://www.ygxm.cn　　在线阅读：http://www.ygxm.cn
经　　销：全国各地新华书店
印　　制：唐山富达印务有限公司　　邮政编码：301505
地　　址：唐山市芦台经济开发区农业总公司三社区
开　　本：710mm×1000mm　1/16
字　　数：171千字　　印　　张：14.25
版　　次：2019年7月第1版　　印　　次：2020年3月第2次印刷
书　　号：ISBN 978-7-5551-1170-2
定　　价：49.80元